栗原
日式 料理每天做

（日）栗原晴美 著

陈程 译

南方日报出版社
NANFANG DAILY PRESS
中国·广州

图书在版编目(CIP)数据

栗原日式料理每天做/（日）栗原晴美著；陈程译.—广州：南方日报出版社，2015.9
ISBN 978-7-5491-1292-0

Ⅰ.①栗…　Ⅱ.①栗…②陈…　Ⅲ.①菜谱—日本　Ⅳ.①TS972.183.13

中国版本图书馆CIP数据核字（2015）第166775号

First published in 2009 under the title *Everyday Harumi*
by Conran Octopus a part of Octopus Publishing Group Ltd
Copyright © 2009 Octopus Publishing Group Ltd
Text copyright © Harumi Kurihara 2009
Design and Layout copyright © Conran Octopus 2009
Photographs copyright © Jason Lowe 2009
The author has asserted her moral rights

Simplified Chinese Edition © Guangdong Yuexintu Book Co., Ltd.
Chinese Translation © Guangzhou Anno Domini Media Co., Ltd.
All rights reserved 所有权利保留

栗原日式料理每天做
LIYUAN RISHILIAOLI MEITIANZUO

作　　　者：（日）栗原晴美
译　　　者：陈　程
责任编辑：阮清钰
特约编辑：蔡　静　石翠兰
装帧设计：罗庆丽
技术编辑：邹胜利

出版发行：南方日报出版社（地址：广州市广州大道中289号）
经　　销：全国新华书店
制　　作：◆广州公元传播有限公司
印　　刷：东莞市信誉印刷有限公司
规　　格：760mm×1020mm　1/16　12印张
版　　次：2015年9月第1版第1次印刷
书　　号：ISBN 978-7-5491-1292-0
定　　价：36.00元

如发现印装质量问题，请致电020-38865309联系调换。

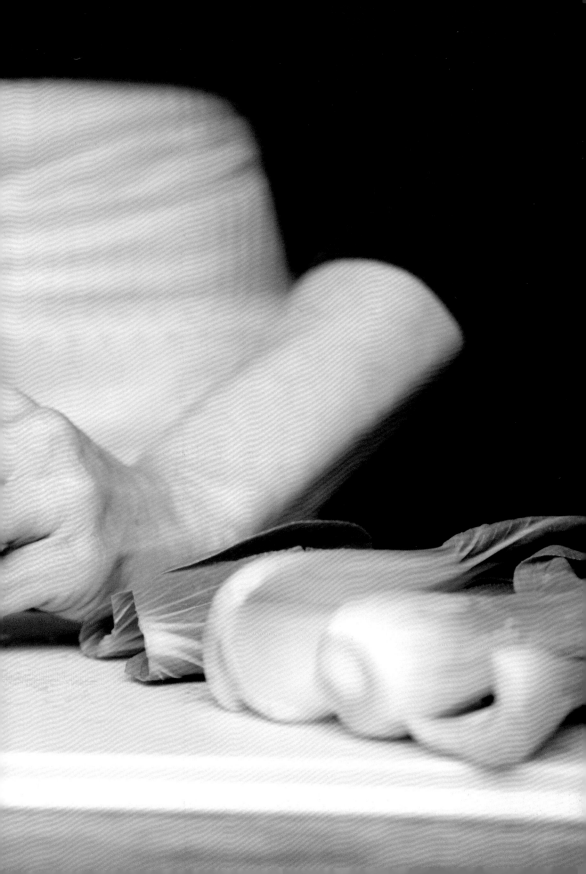

定价：33.00元

《全能煮妇栗原的日式家庭料理》

　　栗原晴美，日本最著名的烹饪书籍作家，在书中向我们传授地道的日式料理！本书涵盖味噌汤、面条、豆腐、海鲜、猪肉、寿司、蔬菜等日式美食，所包含的菜式食材易得，烹调方法简单快捷，让您轻松掌握日常日式料理，领略健康、多样、美味的日式饮食文化！

序言

　　我常常说，我只是一名普通的家庭主妇——从很多方面都能证实这一点：我要为家人和朋友做料理，还要操持家务，例如打理房子。不过我确实得到了不少四处旅行的机会，结交了许多的朋友，大部分主妇没有这种机缘，因此我很感恩。

　　旅行使我从另一个角度来看待日本和同胞，更重要的是，让我对日本饮食及其特色有了新的认识。我相信不跳出本土圈子是无法真正了解自己的国家的，也无法理解外国人对日本的看法，对于日本料理也是如此。

　　我的前两本书——《栗原的日式料理》和《全能煮妇栗原的日式家庭料理》是为日本读者写的，而这一本《栗原日式料理每天做》则完全是站在不同角度创作的，这也反映了我个人的心路历程。到底有什么不同呢？通过积累的旅行经验、友情故事和工作心得，我认识到不同的文化就像不同的语言一样，有些概念不能直接翻译时就要好好地解释清楚。制作日本料理的重点在于，我们手中所掌握的工具就如同搭建积木的必要元素。我希望这本书能让你对日本料理有所了解，并在家学着做。

　　营养健康与否是评判日本料理好坏的基本原则，相较于其他国家的饮食，日式的饮食更为清淡，同时较少脂肪和乳制品。日本料理并不是全素食，不过蔬菜在平衡膳食方面起到了至关重要的作用。根据时令吃当季蔬菜这一点也很重要，精心挑拣最好的品种总是让我觉得很满足。我喜欢在每餐饭中搭配一两道蔬菜料理，尤其是清脆可口的菜式，在这本书中你会看到许多蔬菜料理的食

谱。日本菜的分量较少，这有助于保持苗条的身材。如果你想减肥，我建议你像日本人那样进食，适当减少食物的分量，并且多吃健康的食物如蔬菜，这也是日本饮食的基本原则。

书中的许多菜谱都是日本家常菜，这在一定程度上反映了大众家庭的"保留菜单"。这些菜式都很容易做，我希望能帮助你了解典型的日本酱料、酱汁和烹饪方法，也许这对你来说比较陌生，不过不会太难。

日本菜的烹饪、进食方法与西方饮食有明显的差别。可以这么说，日本饮食更侧重于食物的多样性，各式各样的味道和口感促使你有尝试新菜谱的动力。我绝对不会只在餐桌上摆上油炸食品，也不会只上豆腐。

特定的调味料与食材也是做好日式料理的关键。许多菜谱都以酱油、味淋、出汁和清酒为基础调味，这些调味料若弃之不用则很难烹制出日本的特色风味。写这本书的时候我住在英国，编写菜谱的期间我不断确认有什么材料能在当地买到，尽可能地简化烹饪日本菜的方法。在做日本料理的过程中，我进一步了解了海外食材与日本本土食材的差别，并发现了新的滋味。

摆盘是日本料理的另一重要元素，要经过精心摆盘，才能把食物呈现在桌上。我喜欢花工夫挑选恰当的碗盘来盛放菜肴——碗盘的设计要与我做的料理相得益彰。不一定要用很贵重的器皿，能衬托食物并符合当时的场合就算成功了。

我还喜欢挑选适宜的饮品来搭配一餐饭，根据菜单和季节选择冰镇日本啤酒、冷热皆宜的清酒、烧酒或者红葡萄酒。

摆盘不仅是选择与食物相配的盘子，食物本身的"卖相"也很重要。我会花心思在食材的准备过程中，就连食材的形状和体积都会仔细考虑。这是因为日本人吃饭通常使用筷子，所以食材的大小应当便于入口。我个人认为，不同的切法会影响食材的味道，不明白这点的话我建议你拿生姜做个实验：磨成泥、切成细丝、切成薄片，或只是去皮的块状，这些不同形状的做法，都会直接影响到生姜的味道。

日语里有很多形容切菜风格的词语，很难找到相应的英文词语。实际上，如果你去日本的书店，在菜谱区随便找一本厨艺入门的书，一定会有教授如何

切菜、鱼、肉的部分，我觉得这一部分不太容易翻译。不过你若想完美地"复制"日本料理，还是值得下苦功去理解的。

与众多爱下厨的人一样，我喜欢去农贸市场和超市逛逛。虽然写这本书的时候住在伦敦，但我还是找到了不少食品店。当然，这与日本的超市比起来有所不同，不过这种尝试新食材的机会让我涌现了创作新菜谱的灵感。

那么日本食材和海外食材究竟有什么差别呢？我觉得最大的不同在于蔬菜的大小，举例来说，日本的茄子和黄瓜都是小小一根。另外，日本的胡萝卜和生姜更软一些，比较好切、磨；蘑菇种类繁多。韭葱类也有明显差别，在日本可以买到种类繁多的韭、葱，不过它们的名字经过翻译之后，很可能你买到的并不是正确的。

日本出售的肉类也有所不同，我们很看重脂肪的比例，肉里带些脂肪能增添风味，烹饪之后嚼起来口感更柔软。在任何一家超市都能买到带皮去骨的鸡腿肉，在日本也很容易买到鸡茸，但在伦敦则必须找屠宰铺特别处理。

买鱼倒是意想不到地方便，我在伦敦找到了最美味的鱼，建议大家都去试试鲭鱼。不过那里售卖的鱼种类不如日本多，尤其是刺身级别的新鲜鱼。

不仅食材有差别，人们对食物的倾向也大不相同。我问了很多外国友人，"你家冰箱里最常有的食物是什么？"答复让我感到惊讶。即便我住在伦敦，我家冰箱里也常备着白萝卜、豆腐和纳豆，而似乎西兰花和西芹才是伦敦人家里的冰箱"常客"。

我们该如何通过烹饪将日本与世界联通呢？有的人会说，没有日本的食材就不可能做出地道正宗的日本料理。我甚至听说，为了做出绝对正宗的日本料理，有些在海外工作的日本厨师会千里迢迢地从日本运水。我觉得这种做法有点极端了，我绝不建议大家为了在家做出一顿正宗的日本菜就效仿这种做法。即便在日本境内，不同地区、季节出产的天然食材也是有差异的，这与海外出产的食材同理。

品质好的食材不用问"出身"，都应当在正值当季时尽量好好享用，带着对食物的尊重去烹饪。尽管几乎所有的食材都能用在日本料理中，但关键还得靠恰当的酱料、酱汁以及特定的处理方法。我努力在本书中为大家展示取材广泛但又基础、经典的日本菜，只要运用纯正而简便的调味方法，相信你也能烹制出美味佳肴。不过有些特别的食材和酱料在日本菜中不可或缺，我把它们列在《厨房必备》一节。我认为它们值得你购买回家，保存在橱柜或冰箱里，这样不论什么时候想吃日本菜，你都能马上拿出材料制作。虽然时代在变化，但如今日本家庭里主要还是妻子下厨，她们可能是世界上最厉害的厨师，橱柜里永远装满了世界各地的食材。我们可以今晚做日本菜，明晚做中华料理、意大利菜或泰国菜。我们喜欢尝试其他国家的食物，并借机学习更多不同的饮食文化。我很庆幸自己出生在喜爱食物的国家，不管什么风格，好吃就行！

我希望世界各地的人们抱着同样开放的心态来尝试日本菜，嘴上说着"今晚想吃日本料理，该做什么好呢？"然后马上就能动手下厨。

本书里提到的所有菜肴都是我在家常做的，只要橱柜里准备好基本的材料（参见第1页），就能方便快捷地做好端上桌来。我由衷地希望你们能像我一样享受这些料理。

栗原晴美

目录

厨房必备

厨房里应该常备些什么食材才好呢？下面列出的这些是我认为常用的：

日本寿司米	味噌	片栗粉（马铃薯淀粉）
日本酱油	清酒	海苔
味淋	米醋	山葵
木鱼花（柴鱼薄片）或	面条如荞麦面和乌冬面	生姜
即食出汁	豆腐	大蒜
烤芝麻粒	干海带片（昆布）	砂糖

有了以上这些厨房必备材料，你就能做出本书提到的大部分酱料和酱汁，烹饪出花样繁多、方便快捷的日式家常菜。下面介绍的酱料和酱汁就是制作料理的基石，可以提前做好保存在冰箱里，这样照着菜谱做菜时就更方便了。

日本米饭

日本米饭是日本料理的核心，是一餐中最重要的元素。简简单单一碗白饭，是我最喜欢的。海外旅行结束后回到家中，最想吃的便是一碗香喷喷的热米饭。

如果你尝过日本米饭，就会知道米饭因产地、收获时节和品种差别而味道有所不同，所以我做饭之前通常先要考虑该用哪一种米。可是，国外并没有太多日本大米的品种可选，如果有机会尝试新品种的话，可千万别错过了。

日本米饭很特别，既是日本饮食的核心，在多种意义上也是日本的象征。与海外常见的长粒米或印度香米不同，日本稻米是短圆米粒，黏性较强，使用筷子取食也不难。

尽管有些菜谱中的米能用长粒米代替，但味道就不是正宗的日本风味了，我建议你们去销售信誉良好的日本米商店购买。此外，还应学习掌握煮日本米饭的方法。

煮饭

准备工作是很重要的，我煮饭的时候会在细节上下功夫，通常用冷水洗净米之后，注入适量清水，掌控好炊煮的时间和上桌前静置的时间。

与许多日本家庭一样，我在家也用电饭煲煮饭，不过国外不是每家都有电饭煲，所以这里给你们介绍一种用平底锅煮饭的方法。

四 人份

日本大米 320克

1. 煮饭之前要先淘米——把米放入大碗中，加一些水，轻轻搓洗后倒掉水。一开始你会注意到淘米水是浑浊的，多洗几次后水就会变得清澈。

2. 淘米水变清后沥干大米，若需要，可以马上下锅煮，不过为了更好的口感，可先静置10—15分钟。

3. 将米放在厚平底锅里，加入400毫升水。不过要是喜欢柔软的米饭，就在此基础上再加一点水。盖上锅盖后开火煮沸。

4. 水开始沸腾后，转小火煨煮10—12分钟，然后关火待其静置10分钟，注意这个过程中千万不要掀开锅盖。

5. 开盖后用饭勺将边缘的米饭往中心翻动混合，然后盛放在一个大碗或数个小碗里。

木鱼花（柴鱼薄片）是从加工后的深海鲣鱼身上刨下来的。这种木鱼花是日本风味的重要元素——出汁的基础，同时常被用来点缀菜肴，增添滋味。在日本有大大小小的袋装木鱼花出售，可以一次买几袋放在橱柜里，保存很长的时间。

木鱼花

出汁

日本料理中的重要元素之一就是好的出汁。虽然现在随处都能买到即食出汁，但我还是倾向于自己在家做，冰箱里总要有备用的才安心。我喜欢味道略浓的出汁，所以会加很多木鱼花，这种鱼片给出汁添加了独特的滋味。许多自制出汁的人都会做头遍出汁（煮一次）和两遍出汁（煮第二次）。料理中需要纯正的出汁味道时就用头遍出汁，两遍出汁常被用来与其他食材混合。我想这种重复不浪费的做法流传了下来，是因为当时木鱼花很宝贵。我的菜谱中都是用头遍出汁，除非有特别说明才会用到两遍出汁。

❀ 头遍出汁

干海带片 2片（10厘米长）/ **木鱼花**（柴鱼薄片）50克

1. 将1.2升水注入一个大锅里。为了去除海带表面多余的盐晶，可用清水冲洗后擦干或者直接用湿布擦拭海带表面，然后浸泡在锅里约30分钟。

2. 大火加热，即将沸腾时捞出海带，往锅里放入木鱼花，待其再次沸腾后马上关火。

3. 在所有的木鱼花沉到锅底前，不要搅动汤汁。

4. 在滤网上垫张厨房纸巾，过滤汤汁后待冷却，转放在冰箱里保存备用。如果要两遍出汁，则保留用过的木鱼花和海带。

❀ 两遍出汁

1. 将使用过的海带和木鱼花放入锅里，注入1.2升水，中火加热。

2. 汤汁将要沸腾时，捞出海带，然后继续煮3—4分钟即可。

3. 在滤网上面垫张厨房纸巾，汤汁过滤两次后待冷却，转放入冰箱保存备用。

做好的出汁放在冰箱可保存1—2天，放在冷冻室可保存1周。

清酒

全球各地几乎都能买到清酒，这种世界闻名的米酒很适合用来做酱料和腌汁。虽然市场上的清酒琳琅满目，但是只考虑用来做菜的话，我觉得任意一种都可以。吃日本料理时，小酌一杯热的或冷的清酒很不错。

日本酱油

我不想显得偏心，不过我确实认为，比起其他国家生产的酱油，日本料理中还是用日本酱油更好，十分值得购买。买一大瓶酱油（500毫升），既经济实惠又能省去做菜中途出门跑腿的麻烦。在一些食谱中，我觉得用生抽更好，就拿来替代了普通酱油，要是你一时找不到生抽的话，用普通酱油也没关系。

味淋

味淋在我的菜谱中频繁出现，是日本料理中不可或缺的材料。它是一种低度数、味道偏甜的透明料酒，开盖之后也能存放很长时间。我曾试着寻找味淋的替代品，可是它实在是一种独特的调味料，我最终都没有发现像味淋一样使酱汁变甜、变顺滑的材料。

烤芝麻粒

每间日本超市都有各种袋装的芝麻粒或芝麻制品出售，能轻易买到黑芝麻、白芝麻、整芝麻、碎芝麻、芝麻酱、芝麻沙拉酱、芝麻糊等等。我觉得芝麻味是日式料理中的经典味道，我非常喜欢它。

我母亲总是自己做芝麻酱，她开心地端出大号日式研钵，用手慢慢地研磨芝麻粒。这种研钵设计得既漂亮又实用，内缘有细细的沟槽，所以研磨起来事半功倍。传统上，与这种研钵配套的长木杵是用日本山椒木做的。

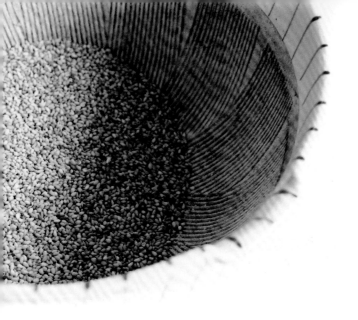

芝麻粒存放很久也不会坏掉，橱柜里备一包总是好的。不过买来之后最好尽快使用，因为香气会随着时间变淡。一旦打开包装，芝麻粒应该转移到密封性好的容器里保存。尽量买已经烘烤过的芝麻粒，在任何食谱中都不要使用未经烘烤的生芝麻。在日本，我们有一种烘烤芝麻的便捷工具，不过估计在海外很难找到，所以你们可以把芝麻粒倒在平底锅里，用小火慢慢烘烤，烤芝麻散发出的气味很香。

味噌　味噌是一种用黄豆制作的美味食材，常被用在酱料、汤或腌汁里。最著名的日式味噌汤就是以味噌为基础做成的。味噌种类繁多，每一种都有其独特的风味。我在本书中的大部分食谱里使用了调和味噌，这在国外比较容易买到，味道也纯正。味噌一般以盒装出售，需要放在冰箱里保存。

米醋　我家里有各种醋，例如意大利巴萨米克醋和红酒醋，不过大部分日本传统菜式还是需要米醋。米醋的味道柔和不刺激，常被用来做调味汁，也可拌寿司饭。我自己在家做泡菜的时候也会用到大量的米醋。

面条

与中国人和意大利人一样，我们也爱吃面条，不管热的或冷的，做成炒面、捞面或汤面都好。常见的两种面条是荞麦面和乌冬面。商店里卖的荞麦面都是干面，而乌冬面既有干燥的也有保鲜湿面。

还有很多其他种类的面条，如素面和春雨粉丝等，不过本书用到的还是最常见的这两种——荞麦面和乌冬面。

豆腐

我不敢相信豆腐在国外竟然不大受欢迎！豆腐是用黄豆做的，可谓是最百搭的食材之一，很多菜式里都能见到。有一些国家的豆腐可能是质量不够好，花点时间找高品质的豆腐是值得的，个人觉得日本豆腐最好吃。常见的豆腐有两种，绢豆腐（软豆腐）和木棉豆腐（老豆腐），大部分菜谱里我偏好使用绢豆腐。

在国外买新鲜豆腐也许不太容易，所以你们看到的豆腐保质期都比较长，并且需要冷藏。如何沥干豆腐也会影响豆腐的味道，包装好的豆腐是浸在水里的，烹饪前需要将水分沥干。我通常用厨房纸巾把豆腐裹住，放在筛子上静置30分钟至1个小时。

片栗粉

片栗粉（即马铃薯淀粉）是一种比较常用的调料，比起玉米淀粉或普通面粉，片栗粉收汁的效果更好，也能让油炸食品更加香脆。本书里提到的一种常见酱汁——打卤汁，就要用到片栗粉来制作，我没想过用其他材料代替是否能达到那么好的效果。一包片栗粉可以用很久，值得存放备用。

干海带

在日本我们用各种各样的海藻做食材，其中海带非常重要，家家必备的出汁就靠它来提升风味。海带是典型的海藻类植物，长长的叶片，还有弹性。如本书菜谱里提到的，你们只需将海带剪下需要的长度（5厘米或者10厘米），用湿布擦拭或者用清水冲洗后擦干，这样做是为了去除海带表面白色的粉末状盐晶。

海苔

对很多人来说海苔并不陌生，寿司卷外面包着的就是海苔。刚从包装袋里拿出来的时候，海苔是松脆的，能用来包饭团、做寿司卷，或者撕碎后撒在别的食物上面点缀。不过海苔很容易吸收水分，所以不到必要的时候最好别使用，让它尽量保持松脆的口感。既然是干燥食品，保质期长，使用时只要确保海苔没有回潮即可。记得在保质期之前食用，若有剩余，要放在密封性好的容器里保存，或者放进冰箱里。

山葵

大概吃过寿司的人都知道山葵，它就是隐藏在生鱼片下面那一点绿绿的，味道辛辣的酱糊。这种日本辣根主要生长在我的故乡——伊豆半岛的天然清水旁。如果去一家高级寿司店，你会发现不同于大多数人直接在外面买管状的山葵膏或干燥过的山葵粉的做法，他们会用鲨鱼皮做的擦板将新鲜山葵根磨成泥后使用。如果你有机会尝试新鲜山葵的话，千万不要错过，它的味道和超市里现成的差别很大。并且我建议你们不要在料理中用太多山葵，有少许的辛辣感就好，可别加过火了。

七味唐辛子

七味唐辛子是用7种调味料混合而成的，包括胡椒和辣椒。我常把它撒在汤、烤肉或鱼肉上面。它的味道很丰富，不只有辣味，而且它用处很多，值得你去细细品味。

生姜、蒜和砂糖

生姜、蒜和砂糖是我厨房里的必备之物，在我的很多菜谱里都会用到它们。日本料理中常会用到大量生姜，我自己也爱吃。尽量在厨房里备一块新鲜饱满的生姜，它实在是太有用的食材，不少菜肴里都派得上用场。大蒜也很受欢迎，家里常备一撮新鲜的大蒜总会用得上。而砂糖则是日本料理中重要的基础元素，但让我惊讶的是国外的砂糖味道略有不同。你们在家做菜时可以少放一点，根据自己的口味调整比例。即便在日本，不同地区嗜甜的程度也是不一样的。菜肴中的砂糖不仅满足了你们的味蕾，还能帮助你们抵制高热量甜点的诱惑呢！日本的饮食非常注意营养的均衡，所以出现在大家面前的大部分日本人都是苗条的。

酱料和酱汁

我最畅销的一本书就是关于各种酱料、酱汁的食谱书，它们在日本料理中非常重要，所以除了上面提到的基本食材外，我也会介绍一些值得在家准备且可保存在冰箱里的酱料和酱汁。

下面提到的前3种酱汁都是以酱油为基础的，本书很多菜谱里都会用到。

❁ 调和酱油

　　我喜欢多做尝试，调制各种味道。第一次做这种调和酱油是在我儿子尚年幼的时候，我想在里面稍微加点甜味，来中和酱油的咸味，这样我儿子就可以用来给他最爱吃的纳豆调味。对于外国人来说，纳豆绝对是一种挑战味蕾的食材，因为它是用发酵黄豆做的，气味比较强烈。

味淋 100毫升 / **酱油** 300毫升 / **干海带片** 适量（10厘米长）

1. 将味淋煮沸，然后转小火继续煮2—3分钟，待酒精挥发。

2. 关火后往锅中注入酱油，搅拌均匀。

3. 将干海带片用水冲洗后擦干或者用湿布擦拭表面，去除多余的盐晶，然后浸泡在酱油里。

4. 静置一两个小时后捞出海带片，放入冰箱可保存3周。

❀ 蘸面汁

　　这个经典酱汁有很多版本，但是我相信下面这种做法才是最美味的。做好之后，可放在冰箱中保存，许多日式料理中都用得上。蘸面汁传统的吃法是用来蘸荞麦面或乌冬面，比较有新意的吃法则是用来搭配什锦蔬菜（请参见第171页）。

干海带片 2片（10厘米长）/ **酱油** 300毫升 / **味淋** 200毫升
砂糖 50克 / **木鱼花**（柴鱼薄片）50克

1. 干海带片用水冲洗后擦干或者用湿布擦拭表面，去除多余的盐晶。往大锅里注入800毫升清水，将海带片放在锅里浸泡30分钟至1小时，具体时间取决于海带片的厚度。

2. 往锅里加入酱油、味淋和砂糖，开火加热。

3. 当汤汁开始沸腾时放入木鱼花。

4. 待酱汁沸腾，再煮2—3分钟关火，冷却后过滤。

5. 把过滤好的酱汁盛放在瓶子里，再存放冰箱可保存1周。

❀ 柑橘酱油

　　在日本有各种柑橘类水果，例如酢橘[1]和臭橙[2]等，其中大部分都适合用来做柑橘酱油。下面这篇食谱中加入了柠檬汁，为酱油添加了清新的香气，能搭配很多种食物，尤其是海鲜。如果没有柠檬汁，可以用青柠汁代替。

1　**酢橘**　芸香科常绿植物。是日本柚子的近缘种，5—6月开白色的花，秋天结果。
2　**臭橙**　柚子，又名文旦、臭柚等。是芸香科植物柚的成熟果实，营养丰富，药用价值也很高。

味淋 100毫升 / **酱油** 100毫升 / **柠檬汁** 60毫升 / **干海带片** 适量（5厘米长）

1. 将味淋倒入锅里，开火煮沸，然后转小火继续煨煮2—3分钟，待酒精挥发后即可关火。

2. 往锅里加入酱油和柠檬汁，干海带片用清水冲洗后擦干或者用湿布擦拭，去除表面多余的盐晶，然后浸泡在酱汁里。

3. 待酱汁冷却后取出海带，把酱汁放在冰箱里备用，可保存1周。

　　接下来的两种酱汁是用两种必备食材芝麻和味噌做的。芝麻是多种酱汁的基础元素，虽然在日本很容易买到现成的芝麻酱，可我还是喜欢自己做。

✿ 芝麻酱

烤芝麻粒 150克 / **酱油** 100毫升 / **砂糖** 80克

1. 将100克芝麻放在研钵中，研磨成糊状。

2. 将芝麻糊倒入碗中，加入酱油和砂糖，搅拌均匀。

3. 把剩下的50克芝麻粒放入研钵中，轻轻磨碎，但不需要磨得很精细。

4. 将碎芝麻粒与芝麻糊、酱油、砂糖混合在一起，搅拌均匀。

5. 把搅拌好的芝麻酱盛入容器中，再存放冰箱，可保存2—3周。之后，香味会慢慢消失，所以最好尽快用完。

❁ 味噌[1]酱汁

味噌既清淡又美味，可以用来腌鱼、肉，煮汤，还能用来炒菜或者做蔬菜拼盘的蘸酱。在味噌里混一点甜醋或蛋黄酱，它就变成另一种用途广泛的酱料。我觉得清酒和味淋能让味噌的味道变得更丰富。

调和味噌 400克 / **清酒** 100毫升 / **味淋** 200毫升 / **砂糖** 80—100克

1. 把所有材料倒入锅里，中火加热。

2. 酱汁煮沸之后转小火。继续煮约20分钟后关火，其间不断搅拌以免酱汁烧糊。

3. 将冷却后的酱汁装在容器中，再存放冰箱，可保存2—3周。

我有两种做甜醋的实用方法，一种加味淋，而另一种则不加。做好的甜醋在很多菜谱里都派得上用场，不过主要是用来做泡菜。与其他国家的泡菜醋不同，这两种醋没有那么酸，味道比较柔和。

❁ 味淋甜醋

味淋 200毫升 / **米醋** 200毫升 / **砂糖** 2—3汤匙 / **盐** 2茶匙

1. 将味淋倒入一个小锅里，开火煮沸后，转小火煨煮3分钟，然后关火。

2. 依次往锅里加入米醋、砂糖和盐，不断搅拌直到糖和盐完全溶解。

3. 把做好的甜醋盛放在容器中，再存放冰箱，可保存3—4周。

1　味噌　也叫日式大豆酱。原料主要有大豆、大米、大麦、食盐等，成品为膏状，用作调味料，也被用作汤底。

✿ 无味淋甜醋

米醋 300 毫升 / **砂糖** 50 克 / **盐** 1 茶匙

1. 将所有材料放入一个碗中，不断搅拌直到糖和盐完全溶解。

2. 把搅拌好的甜醋盛放在合适的容器中，再存放冰箱，可保存3—4周。

　　我希望你们能享受照着这些菜谱做料理的过程，我自己做菜时就觉得很有意思。我相信这本书能为你们学习日本料理，了解日式饮食习惯打下一些基础。以我个人学厨艺的经验来看，掌握日本料理制作就像学习一门新的语言，其中认识食材、了解烹饪方法就好比在累积词汇。当看着亲朋好友吃得滋滋有味时，你们那份成功所收获的开心是难以言表的。

晴美的烤肉酱

Harumi's Barbecue Sauce

　　我为自己能做出如此美味的烤肉酱感到自豪，在经历过多次失败后，我才摸索出酱汁的比例。烤肉酱可用来搭配各种肉类，尤其是牛肉。烤肉之前，先在肉上刷一层酱，吃的时候再蘸一下，会升级风味。

可做500毫升

红葡萄酒 100毫升

蜂蜜 2汤匙

砂糖 70克

酱油 200毫升

调和味噌 1汤匙

苹果泥 60克

洋葱末 60克

蒜泥 2汤匙

生姜末 少许

芝麻油 少许

烤芝麻粒 3汤匙

1. 将红葡萄酒倒入一个小锅里，开火煮沸后，转小火继续煨煮1分钟，待酒精完全挥发。

2. 往锅里加入蜂蜜、砂糖、酱油和味噌并不停搅拌。当酱汁再次沸腾，并且砂糖溶解后关火，静置冷却。

3. 依次加入苹果泥、洋葱末、蒜泥、生姜末、芝麻油和烤芝麻粒，搅拌均匀。放置一晚后味道更好。把做好的烤肉酱盛在容器里，再存放冰箱，能保存10天。

蔬菜丝牛肉汤

Beef and Finely-shredded Vegetable Soup

　　用新鲜的蔬菜和美味的牛肉搭配，能煮出一碗清淡好喝的汤。而且我发现要想达到最佳效果的话，牛肉应该事先腌一下。我喜欢下面所提到的这种腌汁，它特别能突显牛肉的风味。做这道汤有一点非常重要，蔬菜要在汤准备上桌前才加进去，不然就会熟过头了。口感爽脆的蔬菜丝和腌入味的牛肉真是特别棒的组合，加一点七味唐辛子更是锦上添花。对于厨艺新手来说，这道汤很容易上手，腌汁为汤注入了味道，但起锅前还是应调一下味道。

🄬 人份

牛肉：

牛肉丝 200克

酱油 60—75毫升

清酒 1汤匙

味淋 1—2汤匙

砂糖 1—2茶匙

胡椒 适量

汤：

胡萝卜 50克

西芹 70克

西洋菜 20克

生姜 20克

出汁 1.2升（参见第4页）

盐 适量

七味唐辛子或辣椒粉 适量

1. 准备牛肉：把牛肉薄片切成4—5厘米长的细丝，放在一个碗里，加入酱油、清酒、味淋和砂糖，混合均匀，撒入拍碎的胡椒调味，腌制10分钟。

2. 准备汤：胡萝卜切成6厘米长的细丝。

3. 西芹去除老筋，切成类似胡萝卜大小的细丝。

4. 西洋菜切成四小段。

5. 生姜去皮后切成细丝。

6. 把出汁倒进大锅里，中火煮沸，放入牛肉丝和腌汁，撇去表面浮沫。

7. 依次加入胡萝卜、西芹、生姜、西洋菜，加盐调味。文火略煮几分钟，千万别煮过火，上桌时应保持蔬菜爽脆的口感。

8. 撒上七味唐辛子或辣椒粉即可。

味噌烤西冷牛排

Sirloin Steak in a Miso Marinade

日本超市里都有出售用味噌腌制的肉类，虽然在超市买会比较省事，不过我还是倾向于自己做味噌腌肉。这道菜谱所用的腌汁略偏甜，味噌味不是太重，我建议你们用不同种类的味噌混合试味，从中找出自己最喜欢的味道。这种腌汁可以用来料理其他肉类、鱼类，甚至蔬菜，最好涂抹在新鲜的食材上面，用保鲜膜裹住，放在冰箱里1—2天后再拿出来烹饪，这样味噌的细腻味道才会被完全吸收。做好的腌汁盛放在密封性好的保鲜盒里，再存放冰箱，保存3周都没问题。

四人份

西冷牛排 4块（每块厚约2厘米）

腌汁：
调和味噌 400克
清酒 100毫升
味淋 200毫升
砂糖 80—100克
山葵 适量

1. 准备腌汁：将所需材料全部倒入小锅中，开中火煮沸。

2. 转小火继续煨煮约20分钟，不断搅拌直到酱汁变稠，注意不要烧煳了。

3. 准备牛排：在牛排的每一面都涂抹上2汤匙腌汁，用保鲜膜包好，放入冰箱静置至少12小时，也可以提前一晚准备。

4. 烹饪前，把牛排从冰箱中取出，让牛肉恢复到室温，用抹刀刮掉牛排表面多余的酱料。烧烤架预热好，迅速地炙烤牛排，两面都要烤好，然后调小火力，烤熟程度根据个人喜好即可（放在平底锅里煎熟也不错）。

5. 将烤好的牛排切成条，与烤蔬菜和山葵泥一起上桌。

鸡肉西芹沙拉

Chicken and Celery Salad

　　这道菜的口感和味道都十分完美，其所用的酱汁适于其他沙拉的制作，而且可以根据个人喜好进行调整。本没有打算将鸡肉撕成肉丝，不过我觉得这样做能让沙拉吃起来更加清爽。实际上，我常常在做这道菜时多准备些鸡肉，然后将多余的部分撕成肉丝，放在冰箱里冷冻保存，下次做沙拉或者煮汤时就能更方便。

🄯四人份

西芹 300 克
鸡脯肉 300 克（去皮）
蒜泥 1/2 茶匙
生抽 1—2 汤匙
葵花籽油或植物油 1/2 汤匙

沙拉酱汁：
蛋黄酱 100 克
鸡汤 1 汤匙
白葡萄酒 1—2 汤匙
生抽 适量
山葵 适量
盐和胡椒 适量（用于调味）
胡椒粉 适量

1. 西芹去除老筋，切成 5 厘米长的细条，放入冷水中浸泡数分钟，然后捞出沥干。

2. 鸡脯肉去除软骨；蒜泥与生抽混合均匀，淋在鸡脯肉上腌制 5—6 分钟。

3. 在不粘锅里煎鸡脯肉，刚好熟透时关火。如果使用普通的炒锅，烹饪鸡脯肉时加一点油。

4. 待鸡脯肉晾凉后用手撕成肉丝，与西芹条混合。

5. 准备沙拉酱汁：混合蛋黄酱与鸡汤，再加入生抽和山葵，根据个人喜好，添入适量盐和胡椒调味。

6. 将鸡脯肉、西芹与酱汁搅拌均匀，盛放在盘子里，撒上胡椒粉即可。为了美观，装盘时尽可能堆得高高的。

炸鸡佐韭葱酱

Deep-fried Chicken with a Leek Sauce

　　这道菜让我想起了父亲，他不喜欢鸡肉，可当我做好这道菜给他吃的时候，却让他对鸡肉改观了，并且这道菜很快便成了他最喜欢的菜肴。我喜欢为父亲做饭，看他吃得开心，我也会很开心。20年前第一次在杂志上公布这道食谱后，在读者那里也受到好评，甚至到现在还能听到人们对它津津乐道。香脆的炸鸡搭配辛辣的韭葱酱——我希望你们也能喜欢这种美味的组合。

四人份

鸡腿肉 500克（带皮去骨）
酱油 1/2汤匙
清酒 1/2汤匙
片栗粉（用于裹鸡肉）
葵花籽油或植物油（用于油炸）

韭葱酱：

韭葱 1棵
酱油 100毫升
清酒 1汤匙
米醋 30毫升
砂糖 1½汤匙
葵花籽油或植物油 1/2汤匙
红辣椒 1只（去籽，切成碎末）

1. 准备韭葱酱：用锋利的刀尖随处刺破韭葱茎干，然后将其切成碎末，这样做能让它变得更细碎。

2. 在碗里混合酱油、清酒、米醋和砂糖。在煎锅里热油，放入韭葱和红辣椒略微翻炒一下，再往锅里加入酱油、清酒、米醋和砂糖，不断搅动，待砂糖完全溶解后关火，备用。

3. 将鸡腿肉用叉子在鸡皮上戳些小洞，将过大的鸡腿肉块切成两半，放入碗中，加酱油和清酒腌制5分钟。

4. 从酱汁中捞出鸡肉，裹上片栗粉。

5. 为了达到最佳效果，待鸡肉恢复到室温后再下锅油炸。

6. 油锅控制在中高温（170—180℃），并且要确保每一块鸡肉都完全浸入油中，这样鸡块里面熟透时外皮尚能保持香脆。

7. 当鸡块炸成金黄色时捞出，控掉多余的油分，切成易于入口的小块，摆放在盘子里，浇上韭葱酱上桌。

唐扬炸鸡

Karaage Chicken

炸鸡在世界各地广受欢迎，每个国家的炸鸡各有风味。不管是西式还是东洋口味的炸鸡，我都爱。下面这道菜谱非常简单，可以算是日式炸鸡的范本，按照以下方法做出的炸鸡，相信你和家人朋友一定会喜欢。

🖐 四人份

鸡腿肉 600克（带皮去骨）
姜蒜味酱油 2汤匙
盐 适量
片粟粉 80克
普通面粉 40克
竹签 8根
葵花籽油或植物油（用于油炸）
柠檬或青柠、七味唐辛子或辣椒粉、蛋黄酱 各适量

姜蒜味酱油：

大蒜 20克
生姜 40克
酱油 200毫升

1. 准备姜蒜味酱油：大蒜和生姜洗净去皮，切成薄片，放入酱油里，静置半天，待酱油有姜蒜的味道。

2. 鸡腿肉切成易于入口的小块，浸泡在姜蒜味酱油里，腌制5—10分钟，加入适量盐调味。

3. 在鸡腿肉表面裹上一层片粟粉和面粉混合物，放入热油（180℃）中油炸。

4. 当鸡腿肉炸至金黄色、外皮酥脆里面熟透后，捞出放在架子上控油或拿厨房纸巾吸干鸡肉表面多余的油分。

5. 用竹签串住鸡腿肉，与柠檬、七味唐辛子和蛋黄酱一起上桌。

烤鸡肉串

Yakitori

　　大人小孩都爱的串烧，实在是待客佳肴，尤其是天气好的时候，大家都喜欢在室外烧烤。烤鸡肉串通常被当作下酒菜，全日本的居酒屋里都有它的"身影"。其调味方法有很多种，可以只用盐和胡椒，不过我喜欢用自制的照烧酱，佐牛肉、猪肉或鲑鱼都很美味，不妨试试看吧，真的很好吃！

十二串的分量

鸡腿肉 500克（带皮去骨）
韭葱 6棵
竹签 12根
葵花籽油或植物油（用于煎炸）
照烧酱 100毫升
盐和胡椒粉 适量

照烧酱：
酱油 100毫升
味淋 100毫升
砂糖 4汤匙

1. 准备照烧酱：把酱油、味淋和砂糖放入一个小锅里，小火煮约20分钟。如有需要撇去表面浮沫，待用。

2. 把鸡肉切成约4厘米见方的小块，韭葱洗净沥干，切成4厘米长的段状。将竹签置于水中浸泡数分钟，以防在烤肉过程中燃烧起来。

3. 将鸡肉和韭葱段交替串在竹签上。

4. 往大煎锅中倒少许油烧热，把鸡肉串放入锅中煎炸，炸至两面呈金黄时即可捞出。你也可以把鸡肉串放在炭火架或烧烤炉上烤。

5. 在韭葱鸡肉串准备上桌前，先刷上照烧酱，或者撒上盐和胡椒粉，摆放在盘子里即可。

蛋黄酱烤鸡柳

Mini Chicken Fillets with Mayonnaise

　　我女儿很喜欢吃鸡肉，所以我常会做这道菜作为她上学的便当。鸡柳准备起来简单快捷，热吃冷吃都不错。嵌入式烤箱在日本厨房里并不算常见，不过用那种烤面包片的小型烤箱也能做这道菜，而且同样快捷。

鸡柳 4块（去皮）
生抽 1/2茶匙
蒜泥 适量
蛋黄酱 2汤匙
帕马森干酪 4汤匙

1. 把鸡柳里的软骨去掉，然后摆放在盘子里，抹上生抽、蒜泥，腌制2—3分钟。

2. 在烘焙盘内垫上防油纸，摆上腌好的鸡柳，均匀地涂抹好蛋黄酱，再撒上帕马森干酪。

3. 烤箱预热（230℃/450℉/燃气8段），放入鸡柳烤7—8分钟，直到鸡柳表面变成金黄色。

酱肉蔬菜薄饼卷
Simmered Pork in Crêpes

有些菜肴就得大家一起吃才有气氛，好味道更会让人心情愉快。我发现酱肉薄饼卷就有这样的魔力，能把人和人之间的距离拉近——哪怕是初次见面。一起品尝这道菜，大家很快就能打开话匣子，因此它受到各年龄段的人喜爱。我钟爱这道菜的另一个原因，还在于它可以提前准备，这样"煮妇"也有时间与大家进行交流。有时我会用炸鸡来代替酱肉，同样美味。

四至六人份

猪肩胛肉 800 克
葵花籽油或植物油（用于煎炸）
酱油 100 毫升
清酒 50 毫升
砂糖 1 汤匙
韭葱 1 棵或香葱 2 根
生姜 1 块（去皮拍碎）
水煮蛋 4 个（去壳）

薄饼皮：

普通面粉 100 克
砂糖 1 茶匙
盐 少许
葵花籽油或植物油 1 汤匙

装盘配料：

黄瓜 1 根（切成细丝）
韭葱 2 棵或香葱 4 根（切成细丝，洗净沥干）
什锦沙拉叶 1 小包
新鲜的薄荷叶、西洋菜、罗勒叶、香菜 适量
调和味噌 适量（参见第 15 页）

1. 准备猪肉：沿关节处将肉切成两半，这样可以节约烹饪时间。

2. 在厚底深口锅中倒少许油，开中火烧热，把猪肉放在锅里煎，每一面都要煎至黄色。捞出后用厨房纸巾去除多余油分。

3. 再次把猪肉放入锅中，加入酱油、清酒、砂糖以及足量的水（刚好没过猪肉）。把韭葱绿色的茎段部分和拍碎的生姜一同放入锅中。

4. 开大火烧沸，撇去表面浮沫，转小火，盖上锡箔纸盖（用锡箔纸做的盖子，比锅的内缘略小一点，直接覆盖在猪肉上）。以小火煨煮约 1 小时，偶尔撇去浮沫并翻动猪肉。约 45 分钟后放入水煮蛋，以确保鸡蛋不会煮老了又有足够时间入味。

5. 准备薄饼皮：将面粉、糖、盐和 200 毫升水搅拌均匀，再加入植物油拌匀，静置数分钟。

6. 在不粘锅里烧热少许油，舀 1 勺面糊放入锅里摊成薄饼（本菜谱的面糊量足以做 10—12 张薄饼）。

7. 猪肉煮透后，当汤汁变稠时取出鸡蛋，对切为两半。将猪肉切成容易入口的薄片。

8. 在盘子里创造一个视觉盛宴：用酱肉片、鸡蛋、黄瓜丝、韭葱、香草和薄饼皮摆盘，一同上桌。

9. 取饼皮，卷好蔬菜、肉片和鸡蛋，蘸着味噌吃。

照烧肉饼

Japanese Tsukune with Teriyaki Sauce

　　肉饼就是把肉馅捏成团，类似日式的迷你汉堡排。你可以使用任何种类的肉馅来制作，不过在日本市场上出售的肉馅大多是用猪肉和牛肉混合而成的。多吃蔬菜有益健康，在做肉饼时，你不妨往肉末里加些蔬菜（切成丁状），例如洋葱、韭葱、胡萝卜、香菇或西芹等。肉饼不一定要捏成圆饼状，也可以做成香肠那样的圆柱形。肉饼串可以搭配酱料吃，如照烧酱、味噌，或者简简单单蘸着胡椒粉和盐吃也不错。这是一道全家老少都爱吃的菜肴。

四人份

洋葱 130克（去皮）
西芹 60克
肉馅 300克
盐和胡椒 适量
鸡蛋 1个（中等大小）
普通面粉 2汤匙
罗勒叶 5—6片

照烧酱：
酱油 100毫升
味淋 100毫升
砂糖 4汤匙
葵花籽油或植物油（用于煎炸）
七味唐辛子或辣椒粉 适量
山椒粉或四川花椒粉和酢橘块（或柠檬块） 各适量

1. 制作照烧酱：把酱油、味淋和砂糖倒入锅里，中火煮沸，然后转小火再煨煮约20分钟，直到酱汁变稠。撇去表面浮沫，静置待用。

2. 制作肉饼串：洋葱切碎；西芹去老筋后切碎。

3. 除罗勒叶以外的所有配料都放入碗中揉捏混合，最后将罗勒叶切碎，也放入碗中拌匀。罗勒叶在最后才加入是为了保持它鲜亮的翠绿色。

4. 将混合好的肉馅捏成直径约5厘米的小圆饼。在不粘锅中烧热一点点油，把肉饼逐一放入锅中煎炸，至两面金黄色即可。

5. 把煎好的肉饼趁热浸入照烧酱中，捞出后根据个人喜好撒上七味唐辛子和山椒粉，与酢橘块（或柠檬块）一同装盘上桌。

炸猪排

Tonkatsu

　　人人都爱吃炸猪排，尤其是男人，应该是他们最喜欢的一道菜了。美味的炸猪排应该是新鲜滚烫的，再配上爽脆可口的卷心菜丝。为了保持卷心菜的口感，我喜欢把它切成细丝后，再浸泡在冰水里。炸猪排是如此受欢迎，所以我会准备多些，放在冷冻室里，没时间做饭或者突然有客人来访时就很方便了。猪排从冷冻室里拿出来直接就可以下油锅炸，只是炸的时间要长些。

🥢四人份

卷心菜 400克

猪肩胛肉排 4块（每块重约150克、厚约2厘米）

盐和胡椒 适量

面粉（用于裹猪排）

鸡蛋 1个（中等大小，搅散）

面包屑（用于裹猪排）

葵花籽油或植物油（用于油炸）

炸猪排酱和芥末酱 适量

1. 卷心菜切成细丝，放入冷水里浸泡约5分钟，保持爽脆。捞出沥干水后装在食品袋里，放入冰箱冷藏，待炸猪排做好以后再一起装盘。

2. 沿着猪排边缘切几个小口，以防油炸时肉质紧缩，撒上盐和胡椒调味。

3. 将每块猪排都均匀裹上面粉，蘸蛋液后再裹上一层面包屑。

4. 在深口锅里热油，放一些面包屑在锅里测试油温。如果面包屑放进去后马上浮动在油面就表明温度（170—180℃）合适。

5. 转中火，将每块猪排都炸透，表面煎至金黄色。捞出后放在架子上沥干或用厨房纸巾过滤掉多余的油分。每块猪排都切成适合入口的小块，旁边再摆上一撮爽脆的卷心菜丝。

　　通常食用炸猪排的时候，会配一点芥末酱和炸猪排酱，去超市里买就行。我建议大家去日本食品店里购买，因为不太容易找到其他酱料来代替。实在没有炸猪排酱的话，不妨试试伍斯特郡辣酱油。

猪排盖饭

Katsudon

　　猪排盖饭这道菜名来自炸猪排与盖饭的结合。一碗典型的猪排盖饭就是在热乎乎的米饭上摆着外酥里嫩的炸猪排，把猪排放在特别的酱汁里煮过后再浇上蛋液会更加好吃。这是一道非常受欢迎的家庭料理，老嚷着肚子饿的年轻人最爱它。

● 一人份

炸猪排 1份（参见第45页）

洋葱 50克（去皮）

鸡蛋 1—2个（中等大小）

出汁 100毫升（参见第4页）

酱油 30毫升

味淋 1汤匙

砂糖 1汤匙

热乎乎的日本白米饭 1碗（约150克）

1. 把炸猪排切成6块容易入口的小块；洋葱切薄片；鸡蛋打入碗里搅散。

2. 把出汁、酱油、味淋和砂糖放入一个小锅中，中火煮至砂糖完全溶解。

3. 加入洋葱片一起煮，当洋葱开始变软后放入炸猪排块，煮至中心热透。

4. 把鸡蛋液倒在炸猪排上，不要翻动，待蛋液开始凝固时，盖上锅盖，关火静置片刻，让猪排充分吸收酱汁的味道。

5. 轻轻地将炸猪排、洋葱和酱汁淋在热米饭上，即可上桌。

姜烧猪肉

Ginger Pork

　　这道经典的菜式容易成功也容易失败，需要在细节上下点功夫，出来的效果才会很棒。就像菜谱里提到的，薄薄的猪肉片是关键，薄猪肉片在高温下很快熟，不然这道菜就会变得黏稠。猪肉片也不能放在酱油汁里腌太久，否则肉质会变老。我相信大家试过这道美味菜肴后，一定会喜欢上它。

❹人份

猪肩胛肉 400克
青江菜（小棠菜） 350克
生姜末 1汤匙
酱油 90毫升
味淋 60毫升
葵花籽油或植物油（用于煎炒）
盐和胡椒 适量

1. 猪肉放入冷冻室冻一下，这样更容易切出薄片。用保鲜膜裹好猪肉片，用擀面杖敲打软化肉质。

2. 取下保鲜膜，确保猪肉片在下锅之前恢复到室温。

3. 青江菜茎叶分离，依纵向将白色的茎干切成细条，绿色的叶子切成两半。

4. 混合酱油和味淋，加入姜末搅拌均匀。

5. 在炒锅里倒入适量食用油，大火烧热，先后放入青江菜茎干、叶子，煸炒1分钟。加入盐和胡椒调味，盛放在盘子里待用。

6. 将猪肉片放入生姜末酱油里腌一下，再放入炒锅里迅速翻炒，炒熟后盛于青江菜盘中，即可上桌。

碎肉四季豆

Green Beans with Minced Pork

这道菜已经成为我家的家常菜。烹饪方法很简单，用酱油调味即可，或者搭配姜、蒜和韭葱这些美味的食材。如果家里突然来了客人，快速地炒一炒就能添道菜。我通常用它佐白饭食用，如果这顿做得多吃剩的话，下一顿也很快就会被"消灭掉"。

四人份

四季豆 500克
韭葱 40克
生姜 15克（去皮）
大蒜 8克
葵花籽油或植物油（用于煎炒）
猪肉末 200克
酱油 30—45毫升
新鲜辣椒丝或干辣椒丝 适量
芝麻油 适量

1. 四季豆洗净，用沸水稍微焯一下，捞出后用冷水冲洗。

2. 沥干四季豆（可用厨房纸巾吸干表面水分），斜切成适于入口的段状。

3. 将韭葱、姜、蒜都切成细丝。

4. 往炒锅里放一点油，大火烧热，放入切碎的韭葱、生姜、蒜煸炒，让它们的香气融入油中，再加入猪肉末一起翻炒。

5. 加入四季豆，调入适量酱油和辣椒丝，翻炒均匀。

6. 继续翻炒至四季豆彻底熟透，加适量芝麻油，与热乎乎的白饭一起上桌。

比目鱼萝卜汤

Halibut and Daikon Soup

　　我从祖母那里学会了如何煮这道汤。煲汤的时候，可以根据市场上供应的当季品种和冰箱里的储备来灵活替换食材。用鲭鱼、海鲷等其他鱼都行，蔬菜也能替换，如茄子，这里我用的是日本白萝卜（大根）。往汤里加鱼茸时，注意不能一次放太多，否则会结块。

四人份

比目鱼排 200克
白萝卜 300克
出汁 800毫升（参见第4页）
味淋 30毫升
酱油 30毫升
生抽 1汤匙
盐 适量
七味唐辛子或辣椒粉、生姜末 适量

1. 比目鱼去除鱼皮和鱼刺，用小刀将鱼肉剁碎，然后放入研钵捣成顺滑的鱼茸。

2. 白萝卜去皮，切成4块7—8毫米厚的圆片。

3. 把出汁倒入锅中加热，放入白萝卜块，待白萝卜煮软后加入酱油、生抽和味淋。

4. 取些热汤，逐渐加在研钵里，一边加一边搅拌鱼茸，然后缓缓地将研钵里的鱼茸混合物放入锅中，转小火煮1—2分钟。

5. 品尝味道，根据个人喜好加入适量盐调味，趁热盛放到碗里，再撒上七味唐辛子即可。

蔬菜煮鲭鱼
Flaked Mackerel with Vegetables

　　蔬菜煮鲭鱼——又一道日本家常菜，下面介绍的这种做法是我母亲教给我的。孩子们年幼时，我经常做这道菜给他们吃。我全家都很喜欢新鲜的鲭鱼与蔬菜一起碰撞出的味道。我自己琢磨出了一种去鱼刺的方法，尤其适用于这道菜谱：拿一把勺子轻轻地把鱼肉从鱼皮上刮下来就可以了。见过我这么做的人都很惊讶，原来这么简单快速就能去掉鱼刺。这道菜适合当主菜或者做便当。

四人份

新鲜鲭鱼排 360克
香菇 150克
生姜 15克（去皮）
胡萝卜 150克
洋葱 100克
葵花籽油或植物油 1汤匙
清酒 1汤匙
砂糖 1汤匙
味淋 30毫升
酱油 30—40毫升
调和味噌 1汤匙

1. 鱼排去鱼刺，用勺子从头到尾将鱼肉从鱼皮上刮下来，捣成肉碎备用。

2. 香菇去柄切丁；生姜切成碎末；胡萝卜和洋葱都去皮切丁。

3. 在炒锅里热油，放入生姜末和鲭鱼肉煎炒，当鱼肉开始变色后依次加入切成丁的胡萝卜、洋葱和香菇继续翻炒。

4. 加入清酒、砂糖、味淋、酱油和味噌，持续翻炒直到大部分酱汁被吸收，装盘后与热米饭一起上桌。

鲑鱼虾饼

Salmon and Prawn Fish Cakes

　　鲑鱼常被切成鱼排，不过我更喜欢把它剁碎，在其他的菜谱中也可以这样处理。我把鲑鱼肉碎与虾肉混合，虾肉可以用猪肉馅或鸡茸来替代。洋葱不用切得太细，这样吃鱼饼的时候口感上会比较有层次。而生姜需要切成细丝，我喜欢撒许多生姜丝在鲑鱼虾饼上，切得细细的姜丝吃起来别有一番风味，不妨大胆尝试下！

十八个小鱼饼

鲑鱼 360克

新鲜虾 120克（去壳）

洋葱 120克

清酒 1汤匙

盐和胡椒 适量

葵花籽油或植物油（用于煎炸）

柑橘酱油

生姜丝（用于装盘）

柑橘酱油：

味淋 100毫升

酱油 100毫升

柠檬汁 60毫升

干海带片 适量（5厘米长，擦去表面盐晶）

1. 柑橘酱油：在一个小锅里烧开味淋，转小火煮2—3分钟待酒精挥发。关火后加入酱油、柠檬汁和干海带片，静置冷却备用。

2. 鲑鱼去皮、骨后剁碎。

3. 虾去肠线和壳，将虾和鲑鱼都剁成肉末。

4. 洋葱切成7—8毫米大小的碎末。

5. 把剁好的鲑鱼和虾放入碗中，拌匀后加入洋葱末再次搅拌均匀。倒入清酒，加入盐和胡椒调味，拌匀。

6. 将拌好的肉馅捏成小鱼饼，每个直径约为4—5厘米。

7. 煎锅倒入适量食用油，当油温足够高时把小鱼饼放入锅内，一面煎至金黄后再翻另一面继续煎。

8. 将煎好的鱼饼装盘，淋上柑橘酱油，并在每块鱼饼上撒些生姜丝做点缀。

鲑鱼南蛮渍

Salmon Nanbanzuke

　　我丈夫很爱吃这道传统的南蛮渍料理，所以我不分季节地常在家里做这道菜。由出汁、甜醋、柠檬和辣椒混合而成的美味酱汁，在日本被称为"南蛮渍"，用来腌制肉、鱼都很不错，尤其适合烹饪鲑鱼，搭配上有益健康的蔬菜更好。烹饪好的鲑鱼放在冰箱里能保存3—4天。

四人份

西芹 100克

胡萝卜 80克（去皮）

生姜 15克（去皮）

红辣椒 2个

洋葱 100克（去皮）

鲑鱼肉 600克（约4片）

盐和胡椒 适量

普通面粉 适量

葵花籽油或植物油（用于油炸）

青柠 1个（切片）

南蛮渍：

出汁 200毫升（参见第4页）

酱油 75毫升

米醋 100毫升

砂糖 4汤匙

柠檬 1/2—1个（榨汁）

盐 适量

1. 南蛮渍：将出汁、酱油、米醋、砂糖和柠檬汁放在一个大碗里混合，加入盐调味待用。

2. 西芹去老筋，和胡萝卜一起切成5厘米长的细丝；生姜也切成丝；辣椒去籽后切成细圈；洋葱切薄片。

3. 将鲑鱼肉切成3—4厘米见方的小块，用少许盐和胡椒调味，再撒上一层薄薄的面粉。

4. 厚底锅中倒入足量食用油覆盖鲑鱼肉，油热后放入鲑鱼。

5. 当鲑鱼肉炸至外焦里嫩时，用漏勺盛起，沥干多余的油分，放在南蛮渍里腌一会儿。记住一定要趁热腌，这样鱼肉可以更好地吸收酱汁的味道。

6. 把处理好的西芹、胡萝卜、生姜、红辣椒、洋葱和青柠片混合，和鲑鱼肉一起静置30分钟。

7. 上桌前在每块鲑鱼肉上都码上适量的西芹、胡萝卜、生姜、辣椒、洋葱和青柠片。

焖海鲷

Simmered Sea Bream

　　用任何鱼肉都能做出下面这道简单美味的料理，大家可以将生姜、大蒜或韭葱等任何自己喜欢的食材加在里面。记得要等汤汁沸腾后再放入鱼肉，这样能减少鱼腥味，达到最佳口味。端一盘焖海鲷上桌，再配上热乎乎的米饭和随意的一碗汤，多么美味的一餐。

四人份

海鲷肉 500克（带皮）
清酒 100毫升
味淋 100毫升
酱油 75毫升
砂糖 3汤匙
生姜 30克（去皮切成薄片）

1. 将海鲷肉切成4大块。

2. 取一个中号汤锅，倒入清酒、味淋、酱油、砂糖和50毫升清水，小火慢慢加热，待砂糖溶化后转大火煮沸。鱼皮朝下放入鱼肉，以避免鱼块紧缩。

3. 加入姜片，转小火。用锡箔纸做一个盖子，覆盖在鱼肉上，焖煮几分钟。

4. 当鱼皮那面煮熟后，翻转鱼肉继续煮，煮至汤汁减少为原来的一半。

5. 关火后静置一会儿，让鱼肉吸收更多的汤汁再装盘上桌。

半烤金枪鱼沙拉

Tuna Tataki Salad

半烤是一种处理金枪鱼和牛肉的烹饪方法，意为将外表稍微煎一下，但保持里面是生的。这是让大家品尝食材原味的最佳方法之一。下面介绍的方法用牛肉替代金枪鱼也可以。

🐟 四人份

白萝卜 250 克
罗勒叶 10 片
葵花籽油或植物油 2 汤匙
大蒜 10 克（切成薄片）
刺身等级的金枪鱼肉 450 克
盐和胡椒 适量
山葵泥与调和酱油或柑橘酱油 适量

调和酱油：

味淋 100 毫升
酱油 300 毫升
干海带片 适量（10 厘米宽，擦去表面盐晶）

1. 调和酱油：用小锅加热味淋，待汤汁沸腾后转小火煮 2—3 分钟至酒精挥发，关火后加入酱油和干海带片。把冷却后的调和酱油放入冰箱保存。

2. 白萝卜去皮，切成 5 厘米长的细丝，在冷水中浸泡一会儿以保持爽脆，捞出沥干。将罗勒叶切碎后与白萝卜丝混合。

3. 在炒锅里热油，同时在金枪鱼上撒点盐和胡椒。油热后下蒜片，炸脆（注意不要炸煳了），这样油能增添蒜香。用漏勺捞出蒜片，静置待用。

4. 将金枪鱼放入锅中，用带有蒜香的油将两面煎黄，外焦里生时起锅。

5. 将金枪鱼肉切成约 2 厘米宽的片，放入盘中，码上萝卜丝、罗勒叶和脆蒜片。

6. 为每个人准备一个小碟子，倒入山葵泥和调和酱油（或柑橘酱油）即可。

鸡肉大虾盖饭

Prawn and Chicken Ankake Donburi

　　日式卤汁是一种常见的酱汁，用片粟粉芡汁加在出汁里勾芡就成了卤汁，它能与各式食材搭配。如果没有片粟粉，也可以用玉米淀粉代替，不过要调整用量，因为玉米淀粉增稠的效果不如片粟粉强。日式卤汁是众多日本主妇常用菜谱里的主将，并且非常适合做盖浇饭。

🈢 四人份

鸡腿肉 250 克（带皮去骨）

新鲜虾 100 克（去壳）

盐和胡椒 适量

清酒 少许（用于腌制）

新鲜香菇 100 克

洋葱 120 克（去皮）

青江菜（小棠菜）200 克

酱油 45 毫升

清酒 1 汤匙

味淋 1 汤匙

砂糖 1 汤匙

盐 1/2 茶匙

出汁 400 毫升（参见第 4 页）

葵花籽油或植物油 1 汤匙（用于煎炒）

韭葱 1 根（取绿色茎段）

生姜 40 克（去皮切成两半）

大蒜 15 克（轻轻压碎）

片粟粉和冷水 各 2 汤匙（混合调成芡汁）

热米饭 600 克

1. 将鸡腿肉切成约 2 厘米见方的小块，虾去肠线。把鸡肉和虾分别装在不同的碗里，加清酒、盐和胡椒腌制一下。

2. 将香菇洗净，切除菌柄，将菌盖切成薄片。

3. 依纵向把洋葱切成两半，每一半再纵向切成两块月牙形，每块月牙形拦腰切成小块。

4. 把青江菜茎叶分离，茎干纵向切成两半，再切成 5 厘米长的小段；叶子切成约 5 厘米长的片。

5. 在出汁里加入酱油、清酒、味淋、砂糖和盐，搅拌均匀，待用。

6. 炒锅中热油，当油温升高后，依次放入韭葱、生姜、大蒜翻炒，炒香后加入鸡腿肉和虾，再倒入香菇、洋葱和青江菜一起炒。

7. 往锅里倒入调好的出汁，待汤汁沸腾后倒入片粟粉芡汁收汁。

8. 挑出葱、姜、蒜。将热米饭分别盛在 4 个碗中，上面浇淋肉菜即可。

炸虾饼
Prawns in Crispy Breadcrumbs

炸虾饼似乎是一款全球流行的菜式，许多国家都有自己的做法。在日本，我们通常把整只虾裹上一层薄面粉或面包屑后放入油锅炸，也就是天妇罗炸虾。有一天我买到了小虾，于是就诞生了下面这道料理：把虾肉切成块，捏成圆饼状油炸——用这种方法能做出很棒的炸虾饼。

四人份

新鲜虾 180克（去壳）
鸡蛋 1个（中等大小）
普通面粉 50克
盐和胡椒 适量
面包屑（用于裹虾肉）
葵花籽油或植物油（用于油炸）
生姜末和酱油或柑橘酱油（用于装盘）

1. 生虾洗净去肠线，用厨房纸巾吸去表面水分。

2. 将鸡蛋打散，加入面粉混合调匀。

3. 每只虾切成3段，加入盐和胡椒调味。

4. 取3块虾肉团成小球，再轻轻压扁。

5. 把虾肉浸入蛋液面粉混合物后，取出再裹上一层面包屑。如果虾饼散开了，可以重新塑形。

6. 在锅中加热油至170—180℃，放入虾饼炸至金黄色，里面要熟透。

7. 捞出虾饼，放在架子上控油或用厨房纸巾揩去多余的油分。

8. 将虾饼与加了姜末的酱油或柑橘酱油一同上桌，最好趁热吃。

海苔包扇贝肉
Scallops with Nori Seaweed

　　扇贝肉有多种吃法，可以像刺身一样生吃，也可以油炸、煎炒、烧烤……但我更喜欢下面这种简便的做法，滚烫多汁的扇贝肉佐以七味唐辛子，再用脆海苔包上，真是停不下口！

④人份

新鲜扇贝肉 200克（不带柱头）

调和酱油或普通酱油 60—75毫升

葵花籽油或植物油（用于油炸）

海苔 适量

七味唐辛子或辣椒粉 适量

调和酱油：

味淋 100毫升

酱油 300毫升

干海带片 适量（10厘米宽，擦去表面盐晶）

1. 调和酱油：用小锅将味淋烧开，转小火煮2—3分钟，待酒精挥发后关火，加入酱油和干海带片，冷却后放入冰箱保存。

2. 把扇贝肉放入碗中，用少许调和酱油腌2—3分钟。

3. 平底锅里加热，放少许油，将扇贝肉放入锅里煎。

4. 当扇贝肉煎至金黄色时，撒上一些七味唐辛子。

5. 将扇贝肉装盘，在扇贝肉底部和顶部各放一片海苔，包住扇贝肉。趁海苔未失去爽脆的口感之前品尝。

马苏里拉奶酪炸扇贝

Deep-fried Scallops with Mozzarella

　　我知道大家对油炸食品颇抗拒，不过我认为健康的关键在于饮食均衡。如果常吃油炸食物，当然对身体不好，但偶尔吃一餐，不会对人体造成危害。这道融合了意式与和风特色的扇贝料理深受家人和朋友们喜爱。

四人份

扇贝肉 12片（不带柱头）

马苏里拉奶酪 1块

新鲜罗勒叶 12片

盐和胡椒 适量

鸡蛋 1个（中等大小，搅散）

普通面粉（用于裹扇贝肉）

面包屑（用于裹扇贝肉）

葵花籽油或植物油（用于油炸）

柠檬块、柑橘酱油、七味唐辛子或辣椒粉（用于装盘）

1. 扇贝肉呈平面切成两半，参照切开扇贝肉的厚度，将奶酪切成12片。

2. 在两片扇贝肉中间夹一片奶酪和一片罗勒叶，做成扇贝奶酪"三明治"。加少许盐和胡椒调味。

3. 用面粉裹住每块扇贝奶酪"三明治"，浸入蛋液中，取出后再裹上一层面包屑。

4. 锅里放入足量食用油（可以浸过扇贝肉），加热至170—180℃，小心地把扇贝放入锅中，外皮炸至金黄色时捞出，放在架子上控油或用厨房纸巾去除多余的油分。

5. 趁热将扇贝与柠檬块、柑橘酱油和七味唐辛子一同上桌。

海鲷焖饭

Rice Cooked with Sea Bream

　　这是一道在日本广受欢迎的料理，它的做法很简单，但吃起来层次却很丰富，对于刚接触日本料理的人来说很有新鲜感。用盐腌制过的鱼，烤过以后散发出独特的香气，配上出汁煮出来的米饭，再加上其他调味，混合成微妙又让人兴奋的组合。除了菜谱中所使用的海鲷以外，你也可以尝试用其他的鱼类来做。

四人份

海鲷肉 250—300克（带皮）
盐 少许
日本大米 320克
生抽 1汤匙
味淋 1汤匙
清酒 1汤匙
出汁 355毫升（参见第4页）

1. 海鲷肉两面都抹上盐，腌制一会儿后置于烤架上烤。当有鱼皮的一面烤至金黄色后翻转到另一面继续烤，烤到八九成熟即可。

2. 待海鲷肉冷却后，小心剔出鱼刺。

3. 将大米淘洗干净，沥干水分，静置10—15分钟。

4. 在量杯里倒入生抽、味淋、清酒和少许盐，再倒入出汁，总量达到400毫升即可，待用。

5. 将大米铺在厚底锅里，烤好的海鲷摆在大米上，往锅里小心倒入调味出汁，尽量不要泼在鱼肉上。

6. 盖上锅盖，大火烧开后转小火焖煮10—12分钟。关火静置10分钟，其间不要掀开盖子。

7. 掀下锅盖，搅合鲷鱼肉和米饭，分盛到碗中。

三色盖浇饭
Three Toppings Rice

　　在日本人的餐桌上常看到这道养眼的饭食，用来当便当尤其受欢迎，它能唤起许多日本人的童年回忆。我很喜欢做三色饭，愿意花时间把3种颜色的浇头仔细摆在米饭上，即使只是看着，也心情愉悦。三色盖浇饭的烹饪过程并不复杂，只需准备好4种食材，在开始烹饪前做到有序就可以了。另外，我发现用处理鸡茸后剩下的汤汁来煮饭特别好吃。

🄝 四人份

煮米饭：

日本大米 320克

出汁 200毫升（参见第4页）

酱油 30毫升

清酒 1汤匙

味淋 1汤匙

红花菜豆荚或嫩豌豆荚 100克

盐 少许

鸡茸：

鸡腿肉 300克（带皮去骨，剁成茸）

酱油 50毫升

味淋 30毫升

砂糖 2汤匙

清酒 1汤匙

炒蛋：

鸡蛋 4个（中等大小）

砂糖 1½—2汤匙

清酒 1汤匙

盐 少许

1. 用冷水淘洗干净大米，用筛网沥干后静置10—15分钟。

2. 准备鸡茸：混合煮饭所需的出汁、酱油、清酒和味淋，放入锅里加热，汤汁沸腾后加入鸡茸煮几分钟，捞出肉末。汤汁静置冷却。

3. 将冷却后的汤汁倒入一个量杯中，如有必要再加些出汁，总量达到400毫升即可，放少许盐调味。

4. 煮米饭：在一个厚底锅里先后倒入淘洗好的大米、汤汁，盖上锅盖，中火煮饭，待沸腾之后转小火焖煮10—12分钟。随后关火静置10分钟，其间不要掀开盖子。

5. 煮饭的同时，把鸡茸放入另一个锅里，加入酱油、味淋和砂糖混合。开火煮沸后不断搅拌，直到所有的酱汁都被鸡茸吸收。

6. 炒蛋：鸡蛋打入碗中搅散，加入砂糖、清酒和少许盐混合，倒入锅里，开中火炒。

7. 当锅边的蛋液变得不再透明时，转小火，同时不断快速搅动（我一般用4根长筷子来搅拌，以免蛋液凝结成块，能保持炒蛋的嫩度）。

8. 另取一个锅烧水，焯一下红花菜豆荚，捞出后用冷水迅速降温，沥干之后斜切成细丝。

9. 把煮好的米饭分装在碗中，表面依次码上鸡茸、炒蛋和豆荚丝，注意不要混在一起了。

胡萝卜猪肉拌饭

Rice with Soy-flavoured Pork and Carrots

　　这道食谱里的米饭是用出汁、味淋和酱油的混合汁焖煮出来的，十分入味。如果需要更多分量的米饭，按同等比例增加米量和混合酱汁即可。依照这种做法，每次都能煮出美味的米饭。

四人份

日本大米 320克
味淋 1汤匙
酱油 1汤匙
出汁 370毫升（参见第4页）
盐 少许

胡萝卜猪肉：

胡萝卜 150克
猪肩胛肉 250克
酱油 45—60毫升
味淋 30毫升
砂糖 2茶匙
胡椒粉 少许

1. 将大米淘洗干净，沥干水分，静置10—15分钟。

2. 把味淋和酱油倒入量杯中混合，加入出汁，总量达到400毫升即可。根据个人口味，添加少许盐调味。

3. 将大米平铺在厚底锅里，加入混合酱汁。盖紧锅盖，大火煮沸后转小火焖煮10—15分钟。随后关火静置10分钟，其间不要掀开盖子。

4. 胡萝卜猪肉：煮饭期间，把胡萝卜去皮，切成2—3厘米长的细条。

5. 用保鲜膜裹住猪肉，拿擀面杖敲打以软化肉质，然后将猪肉切成约1厘米宽的肉条。

6. 把酱油、味淋和砂糖倒入锅里加热，放入猪肉条，注意翻动，不要让肉条黏在一起。加入胡萝卜条一起煮，直到锅里的汁液完全蒸发。

7. 米饭煮好后，倒入煮好的胡萝卜条和猪肉条搅拌均匀，撒上少许胡椒粉即可。

鸡茸饭团

Onigiri Rice Balls with Minced Chicken

　　饭团在日本是很受欢迎的便餐，欧美国家可能喜欢用三明治当午餐或便餐，而我们则爱吃饭团。饭团受欢迎是因为它方便携带，并且口味众多。你能把饭团捏成任何你喜欢的形状，也能用任意食材做馅。饭团外面可以裹上海苔来增加风味，同时可避免吃的时候手指粘上饭粒的麻烦。不论是作为聚餐时的餐点，或者零食、便当，饭团都是不错的选择。我经常用做三色盖浇饭（参见第75页）剩下的鸡茸来做下面这种饭团。

四人份

日本大米 320克

鸡茸：

鸡腿肉 200克（带皮去骨，剁成鸡茸）
酱油 45毫升
清酒 1汤匙
味淋 30毫升
砂糖 1—1½汤匙

1. 大米淘洗干净，用筛网沥干后静置10—15分钟。

2. 将大米放入锅中，加入400毫升水，盖上锅盖，开大火煮沸后，转小火继续煮10—12分钟。

3. 关火后不要立即掀开盖子，继续焖10分钟。

4. 准备鸡茸：将鸡肉放入锅中，加入酱油、清酒、味淋和砂糖搅拌均匀，中火煮沸，不断翻动，待酱汁几乎完全被吸收后关火冷却。

5. 将米饭和鸡茸搅拌在一起，用手捏成一个一个的小饭团。

豌豆饭
Green Pea Rice

　　想要增添米饭风味的时候，我通常会用出汁代替清水来煮饭。不过在这道食谱里我并没使用出汁，而是往水里加了少许清酒和盐，这样才能将嫩豌豆的清香散发出来，并且可以为任何一餐增添味道，十分百搭。这也是我丈夫最爱的饭食之一，他尤其喜欢用豌豆饭搭配姜烧猪肉和土豆沙拉。

四人份

日本大米 320克
清酒 1汤匙
盐 1茶匙
嫩豌豆 230克（煮熟）

1. 将大米淘洗干净，用筛网沥干后静置10—15分钟。

2. 把淘好的米放入一个厚底锅中，注入400毫升的清水，加入少量清酒和盐。

3. 盖上锅盖，大火煮沸，然后转小火继续煮10—12分钟。关火后焖10分钟再掀开锅盖。

4. 在煮好的米饭里加入嫩豌豆，搅拌均匀。可根据个人口味加少许盐调味。

鲜姜饭

Rice with Fresh Ginger

米饭除了作为主食，还是一种用途广泛的食材。我不只喜欢香喷喷的白米饭，也喜欢滋味丰富的调味饭。这道食谱里面添加了生姜，能帮助人放松身心，强烈推荐给食欲不振和体乏疲累的人，十分有助于开胃！

四人份

日本大米 320 克
生姜 30 克（去皮）
鸿禧菇 75 克
出汁 355 毫升（参见第 4 页）
生抽 1 汤匙
味淋 1 汤匙
清酒 1 茶匙
盐 少许
脆海苔（用于装盘）

1. 将大米淘洗干净，用筛网沥干后静置 10—15 分钟。

2. 把生姜切成小碎块。

3. 鸿禧菇去除根部，切碎。

4. 取一个量杯，将生抽、味淋和清酒倒入杯中，加出汁混合，使总量达到 400 毫升。

5. 把大米放入厚底锅里，加入生姜、鸿禧菇、出汁和调味汁一起搅拌。

6. 盖紧锅盖，大火煮饭，开始沸腾后转小火煨煮 10—12 分钟。关火静置 10 分钟后再打开锅盖。

7. 搅散米饭，根据个人口味加少许食盐，再撒上一些海苔即可。

散寿司
Mazesushi

散寿司，又叫混合寿司，我在家里常做，尤其是跟朋友聚会的时候。我尽力让这道食谱选材灵活，以便在世界各地都能轻松地完成。制作这道寿司主要分为两个步骤，首先把米饭煮好，然后与调味汁和其他材料混合。散寿司上面要码一堆金黄色的蛋皮丝，这需要事先做好薄薄的蛋皮再切成细丝。掌握好摊薄蛋皮的技巧之后，你就可以随心所欲地变换花样，常常会有锦上添花的效果。

四人份

日本大米 320 克

寿司料理调味汁：

米醋 100 毫升

砂糖 2 汤匙

盐 1—1½ 茶匙

散寿司：

胡萝卜 100 克（去皮）

蘑菇 100 克（切成细丝）

出汁 45 毫升（参见第 4 页）

酱油 1 汤匙

砂糖 1/2 汤匙

味淋 1/2 汤匙

新鲜虾 12 只（去壳）

清酒 1 汤匙

柠檬 1/2—1 个（榨汁）

脆海苔（用于装盘）

煎蛋皮：

鸡蛋 4 个（中等大小）

砂糖 1½ 汤匙

清酒 2 茶匙

盐 少许

葵花籽油或植物油（用于煎蛋皮）

1. 将大米淘洗干净，沥干后静置 10—15 分钟。

2. 寿司料理调味汁：把米醋倒入小锅里加热，放入砂糖和盐，煮沸后关火冷却。

3. 将胡萝卜切成 3—4 厘米长的细丝。

4. 把出汁、酱油、砂糖和味淋倒入一个锅中，烧开后放入胡萝卜丝和蘑菇丝，转小火。当胡萝卜断生后马上关火，捞出沥干。

5. 虾去肠线。将水和少许清酒倒入小锅中，煮沸后把虾放进去，转小火煮 1 分钟，然后关火盖上锅盖待冷却。此时锅里的余温还在继续加热虾肉。

6. 把洗净的米平铺在厚底锅里，加入 400 毫升清水。盖上锅盖，大火煮开后转小火煮 10—12 分钟，然后关火，静置 10 分钟后再掀开盖子。

7. 将寿司料理调味汁倒入米饭中，轻轻搅拌均匀，再加入胡萝卜丝和蘑菇丝。待米饭放凉后，拌入沥干的虾肉，加柠檬汁再次搅拌。

8. 煎蛋皮：鸡蛋打入碗中搅散，加入砂糖、清酒，加入盐调味。用筛网过滤蛋液，这样摊出来的蛋皮颜色才会均匀。在平底锅中加入一点油，油热后往锅里倒入适量蛋液，正好覆盖锅底形成薄薄的一层即可。薄的蛋皮会熟得很快，小心不要烧焦了。煎好之后，快速铲起装盘待用。重复上面的步骤，将剩下的蛋液摊成蛋皮。如果平底锅的直径为 18 厘米，4 个鸡蛋大概能做出 8—10 张煎蛋皮。

9. 把蛋皮切成细丝，用手指抓松。蓬松的蛋皮丝看起来分量更多。

10. 将寿司料理盛放在一个大盘子里，撒上海苔，再用蛋皮丝装点在表面即可。

蟹肉炒饭

Fried Rice with Crabmeat

一年中任何时节都能享受炒饭的滋味。我喜欢在炒饭里加点姜蒜味的酱油，这种酱油与蟹肉搭配在一起真是相得益彰。我家中的冰箱常备这种酱油。

二至四人份

无壳白蟹肉 150克（煮过的）

洋葱 1/4个（去皮）

青葱 2棵

鸡蛋 3个（中等大小）

盐和胡椒 适量

葵花籽油或植物油 4汤匙
（用于煎炒）

牛肉馅 100克

日本大米饭 500克（煮好）

姜蒜味酱油：

大蒜 30—45克

生姜 40克

酱油 400毫升

1. 准备姜蒜味酱油：大蒜和生姜切片，放入酱油里，装在已消毒的罐子里，放入冰箱保存。

2. 蟹肉撕碎，确保没有大块。

3. 洋葱和青葱切成碎末。

4. 把鸡蛋打在碗里轻轻搅散，用盐和胡椒调味。

5. 大火烧热炒锅，放入2汤匙食用油，将蛋液倒入锅中，轻轻搅动。在鸡蛋还算嫩的时候起锅，装在碗里备用。

6. 在炒锅里放多一点油，翻炒牛肉馅，当牛肉变色后加入洋葱末一起翻炒。

7. 倒入米饭继续翻炒，如有需要可以再加一点油，直到准备的分量用完。沿着锅边淋上45毫升姜蒜味酱油，快速混合翻炒，确保米饭没有结块并均匀地裹上酱油。

8. 翻炒7—8分钟后，加入蟹肉、炒蛋，以盐和胡椒调味，继续翻炒一两分钟，让蟹肉热透。关火后撒上青葱末，拌匀，趁热端上桌。

鸭肉热汤面

Hot Noodle Soup with Sliced Duck

　　一碗好吃的热汤面能成就美好的一餐。日本人很爱吃面条，吸溜面条的声音比较吵，尤其是日本男人，经常会发出这种声音。这可不是没礼貌的表现，相反是在表示感激和对面条味道的赞赏，如果你不习惯吃面时发出声音，就比较难以效仿。在这道食谱里，若你不喜欢吃面条的话，可以不加，不过那样就变成了4人份的热汤，而不是2人份的主食了。

人份

鸭脯肉 200克（带皮）

青葱 120克

出汁 600毫升（参见第4页）

酱油 90毫升

味淋 90毫升

干荞麦面 200克

七味唐辛子或辣椒粉 适量

1. 鸭脯肉切成容易入口的肉片，青葱切成7—8厘米长的小段。

2. 将出汁加热，加入酱油和味淋，待汤汁沸腾后放入鸭肉片，当汤汁再次沸腾时撇去表面浮沫，放入青葱段继续煮1—2分钟。

3. 大锅里烧水，水开后加入荞麦面，记得边煮边搅散面条。当水再次沸腾后加入一杯冷水，按照包装袋上的说明煮好荞麦面（煮好的荞麦面应该在断生以后还有柔韧的口感）。

4. 捞起面条沥干，分别放到两个大碗中。

5. 往碗里倒入汤汁，将鸭肉和青葱平均地分装到两个碗中，分别撒上七味唐辛子即可。

荞麦冷面佐白萝卜泥

Cold Soba Noodles with Grated Daikon

面条在日本是很重要的食材，面条种类繁多做法也多样。下面这款是非常典型的荞麦面做法，既便捷又健康。既然荞麦面是这道食谱的主角，那么煮的时候一定要小心，不要煮过火，从锅里捞出后立刻用冷水冲洗即可防止面条发胀。白萝卜在日本也是广受欢迎的蔬菜，不管是熟吃还是生吃，都要好好享受它的味道。现在全球各地都能很方便地买到白萝卜。

🄸 人份

干荞麦面 400 克
白萝卜或日本白萝卜 400 克
蘸面汁 400 毫升
海苔、洗净沥干的香葱花或韭葱末、山葵泥（用于装盘）

蘸面汁：
干海带片 2 片（10 厘米宽）
酱油 300 毫升
味淋 200 毫升
砂糖 50 克
木鱼花 50 克

1. 干海带片：为了避免干海带片的盐分太重，可以用冷水稍微冲洗后沥干或者用湿布擦拭海带表面。在锅里注入800毫升清水，将干海带片放入水中，根据海带的厚度浸泡30分钟至1小时。

2. 准备蘸面汁：往锅加入酱油、味淋和砂糖，开中火加热。煮沸之前放入木鱼花，煮2—3分钟之后关火。待木鱼花沉到锅底后，把汤汁过滤到罐子里，待汤汁冷却后放入冰箱保存。

3. 白萝卜去皮，磨成细泥，如马铃薯泥。

4. 锅中注入清水煮沸，放入荞麦面，边煮边搅动，以防面条粘在一起。待水再次沸腾，加一杯冷水，这样能帮助你煮出软硬适中的荞麦面。

5. 待锅里的水再次沸腾后，参考包装袋上面的说明进行操作。

6. 捞出煮好的面条，为防面条发胀，用冷水冲洗，然后沥干水分。

7. 把面条分别盛入碗中，码上一些白萝卜泥，再沿着碗边小心地倒入蘸面汁。

8. 撒入海苔、葱花和山葵泥装饰即可。

肉末味噌拌乌冬面

Udon Noodles with a Minced Meat Miso Sauce

做菜时，常常要用到碎肉末，加点味噌能让它更好吃也更健康。我常用这种肉末味噌来配面条或米饭，不仅很快就能做好一顿午餐，同时又让人回味无穷，尤其是搭配上黄瓜丝和韭葱。

四人份

韭葱 60克

生姜 15克（去皮）

葵花籽油或植物油 适量

火鸡肉末 400克

出汁 100毫升（参见第4页）

清酒 1汤匙

酱油 30毫升

味淋 30毫升

砂糖 1—1½汤匙

调和味噌 4汤匙

韭葱 1棵（用于装盘）

黄瓜 200克（用于装盘）

干乌冬面 400克

1. 把生姜和韭葱切成碎末。在炒锅里倒入少许油，加热后放入韭葱末、生姜末煸炒，炒香后加火鸡肉末一起翻炒。

2. 将出汁、清酒、酱油、味淋、砂糖和味噌混合倒入炒锅中，轻轻翻炒，变浓稠后关火。

3. 韭葱切成5厘米长的细丝，放在水中浸泡数分钟，然后沥干水分备用。

4. 黄瓜依纵向切成两半，去籽，先切成5厘米长的片状，再切成细丝。

5. 按照包装袋上的说明煮乌冬面，煮好后捞出，放在冷水中浸泡以避免面条粘连，然后沥干水分。

6. 将面条摆在大盘子里或分装到小碗中，浇上肉末酱，用韭葱丝和黄瓜丝装饰即可。

卷心菜肉丝炒面

Fried Noodles with Pork and Cabbage

　　我在家里常常烹制各种既可冷食也可热食的面条，炒面也经常吃，做起来方便快捷又美味。下面这道炒面使用了鸡汤、蚝油和日式炸猪排酱来调味，其中炸猪排酱可以提前准备，它适用于大部分炒面类，荤素皆可搭配。不过酱汁不能放太早，否则炒面容易发胀，会破坏口感。我个人的经验是炒面一次不要做太多，或者是家里的平底锅或炒锅不够大的话，将材料分批烹饪会更容易操作。

四人份

猪肩胛肉 160 克
卷心菜 200 克
豆芽 200 克
即食鸡蛋面 4 包（600 克）
鸡精 1 汤匙
蚝油 1 汤匙
炸猪排酱 5 汤匙
葵花籽油或植物油 4 汤匙
盐和胡椒 适量
碎海苔 适量
红生姜（即梅酢渍姜）适量

1. 用保鲜膜包好猪肩胛肉，拿擀面杖敲打软化肉质。去除保鲜膜后，把肉切成 2 厘米长的肉丝。

2. 将卷心菜切成 2—3 厘米长的细丝。

3. 豆芽掐去头尾。

4. 掰散即食鸡蛋面。

5. 将鸡精、蚝油和炸猪排酱混合备用。

6. 在口径较宽的平底锅或炒锅里加热 1 汤匙食用油，煸炒猪肉丝，依次放入卷心菜丝和豆芽，在高温下快速翻炒，如有需要，可将剩下的食用油倒入锅里。

7. 往锅里放入即食鸡蛋面，炒热后加入调味酱汁拌匀，撒入盐和胡椒调味。

8. 盛盘后撒上碎海苔，在炒面旁边点缀几片红生姜即可。

茶碗蒸

Steamed Savoury Custards

　　这是一款经典日本料理的简易版。咸香软滑的蒸蛋羹无人不爱，它的味道细腻又温润。通常在茶碗蒸里还会添加小块的肉或鱼，也有蔬菜，勺子挖下去就像在寻宝。掌握好出汁与蛋液的比例之后，就可以往里添加任何你喜欢的食材。蒸好后浇上一点儿日式卤汁会更加美味。

四人份

鸡蛋 4个（中等大小，共约200克）
出汁 600毫升（参见第4页）
生抽 1茶匙
味淋 1½—2汤匙
盐 1/2—2/3茶匙
嫩豌豆荚 35克
胡萝卜 40克（去皮）

日式卤汁：

出汁 200毫升（参见第4页）
生抽 2茶匙
味淋 30毫升
盐 适量
片栗粉和冷水 各2茶匙（混合调成芡汁）

1. 把鸡蛋打入碗中，彻底搅散。往蛋液中慢慢加入出汁，边加边搅拌，然后用细筛过滤到另一个碗里。

2. 往蛋液里加入生抽、味淋和盐，搅拌均匀。

3. 嫩豌豆荚去筋，斜切成细条。

4. 把胡萝卜切成3厘米长的细丝，这样比较容易蒸熟。

5. 将切好的豌豆荚和胡萝卜平均分到4个小蒸碗里，倒入等量的蛋液。

6. 大火将蒸锅底层的水烧开，当蒸汽开始冒出时，用保鲜膜覆盖住每个碗口，再把蒸碗摆在蒸屉上，转小火蒸20分钟。

7. 制作卤汁：把出汁倒在锅里，加入生抽和味淋，用盐调味，煮沸之后倒入芡汁收汁。

8. 待蛋羹蒸熟后从蒸屉中取出，去除保鲜膜，将卤汁淋在上面即可。

蛋花汤
Egg Drop Soup

　　这又是一道人见人爱的经典日式料理。在日本学校开设的家政课上，学生们学习的第一道菜就是蛋花汤，它不仅用料简单，而且做法便捷。蛋花汤之所以广受欢迎，原因就在于真的太容易做了。当然，絮状的蛋花、金黄的颜色也是它讨人喜欢的重要因素之一。既好看又好吃，实在是色香味俱全的美味佳肴。

四人份

鸡蛋 3个（中等大小）
出汁 800毫升（参见第4页）
酱油或生抽 1汤匙
味淋 1汤匙
盐 1/2茶匙
片栗粉 1茶匙

1. 将鸡蛋打在碗里完全搅散。

2. 在锅里加热出汁，加入生抽、味淋和盐调味。

3. 把片栗粉与2茶匙冷水混合调成芡汁，备用。

4. 当汤汁煮沸后，倒入芡汁搅拌，这样汤汁会变得更加浓稠。

5. 将蛋液倒入锅中，边倒边搅拌，然后马上关火以免蛋花煮过火。

豆腐沙拉佐芝麻酱汁

Tofu Salad with a Sesame Dressing

　　豆腐和芝麻实在是天作之合，调好的芝麻酱汁还能用在别的菜肴中。在大多数日本食品店里都能买到现成的芝麻酱，不过自己动手做也不算麻烦，还很有成就感。准备豆腐时需要注意沥干水分的程度，如果水分沥过头了，豆腐会失去软嫩的口感；要是沥出的水分太少，沙拉又会出水。这道菜不适合提前做，最好上桌之前才拌在一起。

❹ 人份

绢豆腐或软豆腐 300 克
什锦绿色沙拉叶 100 克

芝麻酱：

烤芝麻粒 150 克
酱油 100 毫升
砂糖 80 克

芝麻酱汁：

芝麻酱 4 汤匙
米醋 1—2 汤匙
韭葱丝 1—2 茶匙
生姜末 2 茶匙

1. 准备芝麻酱：将100克烤芝麻粒放入研钵中捣成泥，加入酱油和砂糖拌匀，再放入50克碎芝麻粒搅拌成酱。

2. 豆腐沥干水分，横向切成两半再各分为4块，最后再切成8块。

3. 将洗净的沙拉叶放入冷水中过一下，捞出沥干，放在冰箱里待用。

4. 制作芝麻酱汁：把芝麻酱放入碗里，加入米醋搅拌均匀，然后放入韭葱丝和生姜末混合。

5. 把豆腐盛放在盘子里，淋上芝麻酱汁，再把沙拉叶码在上面即可上桌。

麻婆豆腐

Tofu with a Spicy Minced Meat Sauce (Mabo Dofu)

几百年来，日本料理都是从世界各国吸取经验，再结合本土饮食传统演化出新的菜式。麻婆豆腐原本是从中国传入日本的，广受日本人欢迎。我做的这个版本中运用了出汁，这使它比正宗的麻婆料理更为清淡。这道菜是调料与口感的和谐融合，配白饭再适合不过。

四人份

出汁 300毫升（参见第4页）

酱油 60—75毫升

砂糖 1汤匙

清酒 1汤匙

味淋 30毫升

大蒜 10克

生姜 15克（去皮）

香葱 30克

绢豆腐或软豆腐 600克

盐 适量

葵花籽油或植物油（用于煎炒）

肉末 200克（猪肉和牛肉混合）

小红椒 1—2个（去籽，切成细椒圈）

片栗粉和冷水 各 1/2—1汤匙（混合调成芡汁）

1. 把出汁、酱油、砂糖、清酒和味淋倒入一个碗里，搅拌至砂糖完全溶解。

2. 将大蒜和生姜切成细末，香葱切成细葱花。

3. 豆腐沥干水分，切成1厘米见方的小块，在加盐的沸水中焯一下，捞出沥干。

4. 在油炸锅或中式炒锅中倒入食用油加热，放入蒜末、姜末和葱花爆香。

5. 往锅中加入肉末，炒至肉末变色后放入辣椒圈，再翻炒几分钟。倒入出汁，待汤汁沸腾后放入豆腐块。

6. 用调好的芡汁收汁，趁热盛盘上桌。

油炸豆腐排
Tofu Steak

　　日本人会用烹制牛排的方式来做豆腐，你对此是不是感到惊讶？我们喜欢给它配上蒜泥和韭葱，再用调和酱油增添滋味。其实做出这道香气扑鼻的菜肴并不需要花费太多功夫，只需留意豆腐上的水分是否沥干，以方便下锅油炸。在豆腐上面撒些木鱼花，它们会随着热气"起舞"，还能给豆腐增添一丝烟熏味。

🔴 四人份

绢豆腐或软豆腐 600克
盐和胡椒粉 适量
蒜泥 2汤匙
生姜末 25克（用于装饰）
香葱 50克（用于装饰）
片粟粉 4—5汤匙
葵花籽油或植物油 3—4汤匙（炸豆腐用）
木鱼花（用于装饰）
调和酱油 适量

调和酱油：
味淋 100毫升
酱油 300毫升
干海带片 适量（10厘米宽，擦去表面盐晶）

1. 准备调和酱油：将味淋倒入小锅中煮沸，转小火再煮2—3分钟直至酒精完全挥发。关火之后加入酱油和干海带片，汤汁冷却后放入冰箱保存。

2. 将沥干的豆腐切成4大块，用厨房纸巾吸去表面多余的水分。

3. 在豆腐的两面都撒上盐和胡椒粉，抹上蒜泥。

4. 生姜去皮，擦成细末；香葱切成细葱花。

5. 在豆腐表面轻轻地裹上一层片粟粉。

6. 将锅里的油烧热；当油温足够高时放入豆腐煎炸，直到豆腐表面变得香脆焦黄。

7. 撒上生姜末、香葱花和木鱼花，淋上适量的调和酱油即可上桌。

核桃培根拌豆腐
Tofu with Crunchy Toppings

　　若有朋友或客人突然来访，我通常会端出这道菜来招待他们，只需在冰箱里找出可以与豆腐搭配的食材做成浇头就行。将所有的食材都切成碎粒，撒在嫩滑绵软的豆腐上，营造出对比强烈的口感。上桌之前最好把沥干的豆腐盛放在盘子上，并在豆腐周围铺上几张厨房纸巾以吸收多余的水分，再放入冰箱冷藏一会儿。

🅰 四人份

绢豆腐或软豆腐 600克
培根 15克（煎至发脆）
核桃 25克
香葱 30克
生姜 20克（切成细末）
紫苏叶或罗勒叶或薄荷叶
适量（切成细丝）
蒜片 适量
烤芝麻粒 1汤匙

调和酱油：
味淋 100毫升
酱油 300毫升
干海带片 适量（10厘米宽，
擦去表面盐晶）

1. 准备调和酱油：把味淋倒入小锅中煮沸，转小火再煮2—3分钟直至酒精完全挥发。关火之后加入酱油和干海带片，冷却后放入冰箱保存。

2. 豆腐沥干水分之后盛放在碟子中，周围铺上几张厨房纸巾以吸去多余的水分，放入冰箱待用。

3. 准备浇头：将培根切碎，与碎核桃、葱花和姜末混在一起。

4. 准备上桌时，从冰箱中取出豆腐，扔掉厨房纸巾。

5. 将浇头淋在豆腐上，再撒上切碎的紫苏叶、蒜片和烤芝麻粒。

6. 将调和酱油慢慢倒在豆腐两侧，尽量不要倒在豆腐表面，以免破坏浇头的香脆口感，然后就可以端上桌了。

味噌煮鲭鱼

Mackerel Cooked in Miso

　　用味噌来烹煮鱼是日本非常传统的料理方法，日本男人尤其爱吃。味噌煮鱼虽然搭配简单但味道醇厚，加上姜丝会更加好吃。我个人认为用鲭鱼来做效果是最棒的。在做这道菜时，要等酱汁煮沸之后才能把鱼放进锅里一起煮，如果放早了可能会有鱼腥味。我喜欢把剩下的酱汁浇在鱼肉和与之搭配的蔬菜上——这里用的是西洋菜。尽管这道菜和风味十足，不过用来搭配蒜蓉面包和白葡萄酒也是相当不错的。

二至四人份

新鲜鲭鱼肉 250克（带皮）

生姜 30克

清酒 200毫升

调和味噌 3汤匙

砂糖 3汤匙

味淋 45—60毫升

酱油 60毫升

西洋菜 40克（用于装饰）

1. 将鲭鱼肉切成4—5块。

2. 生姜去皮，切成细丝。

3. 把清酒、味噌、砂糖、味淋和酱油倒入锅中煮沸。

4. 将鲭鱼肉块平铺在酱汁中，撒上生姜丝。

5. 当酱汁再次沸腾后，盖上锅盖，转小火煨煮10分钟，水分会挥发一部分，酱汁因此变得黏稠。

6. 把鱼肉盛放在盘子里，摆上西洋菜，将锅里的酱汁浇在上面即可。

芝麻豆腐味噌汤
Miso Soup with Sesame and Tofu

　　这道美味的汤是母亲教我的。她曾示范给我如何将烤芝麻粒研磨成香浓的芝麻酱，还指导我要用手把豆腐瓣成小块，而不是拿刀来切。她说这样使做饭更有乐趣，也会让汤变得更美味。这道汤不仅看上去颜色漂亮，闻起来香气扑鼻，还对身体十分有益。不管什么餐时都可以配上这道汤，甚至早餐时间。春季若能找到嫩绿的山椒叶，不妨放一两片进去，这样一碗汤里也有了春天的气息。

四人份

烤芝麻粒 100克（另加少许留作装饰）

出汁 800毫升（参见第4页）

绢豆腐或软豆腐 300克（沥干水分）

调和味噌 4—5汤匙

山椒叶或青葱丝（用于装饰）

1. 把烤芝麻粒放入研钵中，用杵捣成浓稠的糊状。

2. 在锅里加热出汁，快要沸腾时放入瓣成小块的豆腐。

3. 一点一点拌入味噌，搅拌至酱料完全溶解。

4. 往锅里加入芝麻糊，搅拌均匀。

5. 在汤汁快要煮沸时关火，盛入碗中，撒上留作装饰用的少许烤芝麻粒。将山椒叶或青葱丝放一些在汤面上点缀。

蔬菜猪肉酱汤

Pork and Vegetable Miso Soup

这道猪肉酱汤是日本常见的家常菜，每家每户都有独家秘方。传统的猪肉酱汤以豆腐、味噌和出汁打底，加入猪肉及日本常见的蔬菜，如白萝卜、牛蒡、红薯和魔芋等，你也可以用当地出产的其他蔬菜代替，同样美味。

四人份

白萝卜 200 克
胡萝卜 90 克
马铃薯 150 克
魔芋 200 克
猪肉片 200 克
葵花籽油或植物油 1/2 汤匙
出汁 1 升（参见第 4 页）
清酒 30 毫升
调和味噌 4—5 汤匙
韭葱丝 少许（洗好沥干，用于装饰）
七味唐辛子或辣椒粉

1. 将白萝卜和胡萝卜去皮，纵向切成 4 块，然后分别切成 5 毫米厚的薄片。马铃薯去皮，切成易于入口的小块，放入水中浸泡数分钟去除多余的淀粉，然后沥干待用。魔芋切成小块，在沸水中焯一下，去除苦涩味，沥干待用。

2. 用保鲜膜裹住猪肉，放在案板上，拿擀面杖敲打软化肉质。去掉保鲜膜之后，将猪肉切成 3—4 厘米长的小片。

3. 用大平底锅加热，倒入食用油，将猪肉片倒入锅中翻炒至变色。加入白萝卜、胡萝卜、马铃薯和魔芋，再注入出汁、清酒一起煮。

4. 当汤汁沸腾后撇去表面浮沫，转小火继续煨煮，马铃薯变软时即可关火。

5. 一点一点地将味噌拌入汤汁，搅拌均匀，舀入碗中，撒上韭葱丝和七味唐辛子即可。

洋葱马铃薯味噌汤

Miso Soup with Potato and Onion

　　与大部分日本人一样，我吃早餐的时候喜欢喝上一碗热乎乎的味噌汤，这几乎是日式早餐中必不可少的元素。味噌有营养，几乎任何一种蔬菜都可以加在味噌汤里，我常常用冰箱里的剩货来煮味噌汤。用你最喜爱的食材来试试吧，菠菜、胡萝卜、白萝卜、海带、豆腐等等，几乎无所不搭。

四人份

马铃薯 150克
洋葱 80克（去皮）
出汁 800毫升（参见第4页）
调和味噌 4—5汤匙

1. 马铃薯去皮，切成5毫米厚的薄片，放入冷水中浸泡2—3分钟，以去除表面的淀粉，然后沥干待用。洋葱也切成薄片。

2. 在锅里加热出汁，放入马铃薯煨煮。

3. 马铃薯断生后，加入洋葱，煮至洋葱变软。

4. 一点一点地将味噌拌入汤里，也可用大汤勺舀起少量出汁，拌匀味噌后再倒入汤中搅拌。若想要味噌味道达到最佳，不要让汤再次沸腾，调好味后立即上桌。

焗烤茄子比目鱼

Halibut and Aubergine Miso Gratin

几乎每次做白酱的时候我都会加点味噌，这样做出来的白酱味道更丰富、口感更柔和顺滑，具有日式料理的特色。这款白酱可以灵活地运用在其他菜式里，比如豆腐。这道焗烤料理是用比目鱼做的，大部分其他种类的鱼也都适用。

四人份

味噌白酱：
淡盐黄油 40克
普通面粉 50克
半脱脂牛奶 300毫升
高脂鲜奶油 300毫升
调和味噌 4—5汤匙
味淋 30毫升
砂糖 1½汤匙
比目鱼肉 300克
茄子 400克
韭葱 300克
橄榄油 60毫升
盐和胡椒 适量
马苏里拉奶酪 150—200克
（擦碎）

1. 准备味噌白酱：将黄油放在锅里加热融化，加入面粉搅拌成糊，要不断搅拌才不会粘锅。一点一点地倒入牛奶，不断搅拌，避免汤汁结块。汤汁小火煮沸后依次加入味噌、味淋和砂糖，使它们充分混合，关火静置。

2. 比目鱼肉切成6厘米厚的块状。

3. 用削皮器在茄子外皮上刮出长条纹（此时的茄子看上去紫白相间），然后斜切成2厘米厚的小块，放入清水中浸泡数分钟去除涩味，沥干。

4. 将韭葱斜切成2厘米长的小段，洗净沥干待用。

5. 在煎锅中倒入45毫升橄榄油加热，放入茄子翻炒，再加入韭葱，略微翻炒一下即可关火，盛出待用。

6. 将剩下的橄榄油倒入热煎锅中，把鱼肉放入锅中煎至两面金黄，撒入盐和胡椒调味。

7. 把茄子、韭葱、鱼肉与味噌白酱混在一起，倒入深底烤盘中，撒上马苏里拉奶酪碎末。

8. 烤箱预热至200℃（400°F/燃气5段），把烤盘放入烤箱中烘烤20分钟即可出炉。

寿司姜片

Sweet Pickled Ginger

寿司姜片通常被当作寿司的配菜，其实也可以搭配其他的菜肴。它看起来不太好做，实际上却非常简单，只需把姜片放在甜醋汁里泡一泡就好了。做好后放入冰箱冷藏，可以保存长达两三个星期，随用随取，能佐配许多餐饭。

新鲜生姜 120克（去皮，切片）

甜醋汁：

米醋 100毫升

味淋 1/2汤匙

砂糖 20—30克

盐 1茶匙

1. 准备甜醋汁：将所需材料放入一个碗里，充分搅拌直至砂糖和盐完全溶解。

2. 把生姜尽可能地切薄，如果家里有蔬菜切片器的话，这时就派上用场了。

3. 将生姜片放入沸水锅里，转小火煮至变色即可（注意不要煮过火了，否则味道和香气会改变），捞出沥干。

4. 去除姜片表面的水分，趁热放入甜醋汁里。

5. 食用之前放入冰箱至少静置半天，待姜片完全入味。

四季豆佐芝麻酱汁

Green Beans with a Sesame Dressing

　　不管是白芝麻还是黑芝麻，我做菜的时候都爱用，它们可以提升食物的口感、香气、味道和颜色。我在烹饪中常用到大量的芝麻，而在日本用蔬菜佐芝麻酱是很常见的。我总是提前准备好酱料，放在冰箱里保存，这样随时都可以拿出来用。芝麻粒在使用之前应该先烘烤，烤时留意不要烤过头了。烤过的芝麻的确更香，也更容易磨成酱。如果找不到芝麻粒或芝麻酱，可用花生酱或中东芝麻酱替代。请大胆地用芝麻酱去创新，尝试加入其他调料，如米醋、味噌或出汁，变化出新的酱汁。

四人份

四季豆 200 克

芝麻酱汁：

烤芝麻粒 50 克

砂糖 2 汤匙

味淋 1/2 汤匙

酱油 1/2—1 汤匙

盐 少许

1. 准备四季豆：锅中烧开水，加少许盐，把四季豆放入锅里焯一下，捞出后用冷水冲洗，沥干。

2. 准备芝麻酱汁：把烤芝麻粒放入研钵中——最好是日本那种里面有沟槽的研钵，将烤芝麻粒磨成泥状，加入砂糖、味淋和酱油拌匀，可根据个人口味，加少许盐调味。

3. 把芝麻酱汁与四季豆搅拌均匀后装盘。

　　芝麻粒也可以放在料理机里打碎，注意不要打过头了。

芝麻甜南瓜

Pumpkin with a Sweet Sesame Glaze

南瓜在日本是很受欢迎的。它甜味十足，常常作为配菜或主菜出现在餐桌上；饭后甜点，甚至下午茶也常常以它做主角。在这道食谱中，南瓜天然的甜味与芝麻的浓香相得益彰。日本南瓜的外皮较薄，所以不用削皮，如果你买到的南瓜外皮较厚，最好削去外皮后再料理。

四至六人份

南瓜 900克（去除籽、瓤后约700克）

砂糖 60—80克

生抽 1汤匙

烤芝麻粒 30克

1. 如果有必要，先将南瓜去皮，再去除籽、瓤，切成2—3厘米宽的小块。

2. 将200—300毫升清水注入锅里加热，加入砂糖和生抽，煮沸之后放入南瓜块。

3. 待水分挥发一部分之后不断搅拌锅中的南瓜，以防粘锅或烧煳。当锅中的液体被南瓜彻底吸收后，南瓜会变得又软又黏，此时可以关火放凉。

4. 南瓜冷却后，加入烤芝麻粒混合在一起盛盘。

什锦蔬菜佐芝麻酱

Vegetables with a Sesame Dip

　　新鲜蔬菜还是生吃最好，我也喜欢用它们蘸不同的酱料，比如芝麻酱就是个不错的选择。通常做这道菜时我都是先看冰箱里的存货，然后就地取材。这次我用到了樱桃番茄、西芹、胡萝卜和花椰菜。

六人份

芝麻酱：

烤芝麻粒 150克
酱油 100毫升
砂糖 80克
樱桃番茄 200克
西芹 120克
胡萝卜 120克
花椰菜 250克

1. 准备芝麻酱：把100克烤芝麻粒放入研钵磨成泥状。将酱油、砂糖放入一个碗中搅拌均匀，再拌入芝麻泥。把剩下的50克烤芝麻粒研磨成细颗粒，也加入酱料中混合。

2. 樱桃番茄洗净待用。

3. 西芹去除老筋，切成长6厘米的段。

4. 胡萝卜去皮，切成长6厘米、宽1.5厘米的条状。

5. 把花椰菜切成容易入口的小块，洗净沥干。

6. 将什锦蔬菜盛盘，摆放在芝麻酱碗周围。

花生酱拌西洋菜

Watercress with a Light Peanut Dressing

　　不管是烹饪过的西洋菜还是沙拉里的生西洋菜，我都喜欢吃。这道菜谱还可以用其他绿色蔬菜（如西兰花、芦笋、菠菜等）来做。花生酱是家里常备的酱汁，所以随时都可以完成这道简便的菜肴。

四人份

西洋菜 220克
盐 少许
花生酱 4汤匙（颗粒型或顺滑型）
酱油 1½ 汤匙
味淋 1½—2 汤匙

1. 将西洋菜洗净后切成2—3厘米长的段，茎叶分离。

2. 在锅里加热水，煮沸后加入少许盐，先后放入西洋菜茎干、叶子。

3. 煮至茎干稍软时，马上捞出沥干，用冷水冲洗降温，并用手挤压出多余的水分。

4. 把花生酱放入碗中，加入酱油和味淋搅拌成顺滑的酱汁。

5. 将酱汁倒入西洋菜中拌匀，可根据个人口味加盐调味。

酱油拌菠菜

Lightly Cooked Spinach with Soy Sauce

　　这道菜做起来非常简单，广受日本家庭的喜爱。当感到疲倦时，我也喜欢吃这道菜来恢复元气。将焯过的蔬菜、木鱼花和酱油搭配在一起就很美味了，除了菠菜，其他大部分蔬菜也都可以用这个菜谱。如果饭桌上缺一道素菜的话，我常用它来"救场"。

四人份

菠菜 200克
调和酱油或普通酱油 适量
木鱼花（用于装盘）

调和酱油：

味淋 100毫升
酱油 300毫升
干海带片 适量（10厘米宽，擦去表面盐晶）

1. 准备调和酱油：将味淋放入一个小锅里煮沸，转小火继续煮2—3分钟，待酒精完全挥发后关火，加入酱油和干海带片，冷却后放入冰箱保存。

2. 菠菜洗净去根，茎干和叶子分开，然后切成3—4厘米长的段。

3. 往中等大小的平底锅里注入清水，烧开后加少许盐，先后放入菠菜茎干、叶子，焯一下，捞出用冷水冲洗后沥干。

4. 用手挤出菠菜里多余的水分，然后抓散。

5. 菠菜装盘，撒上一些木鱼花，淋上少许调和酱油或普通酱油即可。

简易黄瓜渍
Quick Pickled Cucumber

　　我第一次看到国外产的黄瓜时吓了一跳，个头好大，里面水分也多。日本产的黄瓜都是小条的，吃起来口感比较爽脆。如果你买不到日本黄瓜，就将黄瓜籽、瓤去除后再做这道小菜，用它来搭配各式主菜都不错。

四人份

酱油 100毫升
米醋 100毫升
砂糖 4汤匙
芝麻油 少许
黄瓜 550—600克
盐 2茶匙
生姜 30克（去皮）

1. 把酱油、米醋、砂糖和芝麻油混合在一起待用。

2. 切掉黄瓜的两端，在黄瓜表皮涂抹一层盐，腌制几分钟后用清水冲洗干净。这样可以去除黄瓜表皮的涩味，并让瓜皮的颜色变得更加鲜亮。

3. 将黄瓜纵向切成两半，用勺子掏出籽、瓤。拿擀面杖将黄瓜拍扁后，切成适合入口的块状。

4. 生姜切成细丝。

5. 把切好的黄瓜和生姜放进一个塑料食品袋中，并加入第一个步骤中调好的酱汁，上桌之前放入冰箱冷藏2—3个小时待其入味。腌好的黄瓜放在冰箱里能保存1—2天，若放太久会失去爽脆的口感。

黄瓜裙带菜渍

Cucumber and Wakame Seaweed in a Sweet Pickled Dressing

　　我的老家下田位于伊豆半岛的南部，是一个靠海吃海的城市。我在成长的岁月中品尝到了各种美味海鲜，既有鱼类，又有营养丰富的海藻类。日本料理中运用到的海藻种类繁多，最出名的是寿司里常见的脆海苔；制作出汁的大片干海带片；羊栖菜以及这道菜谱中用到的裙带菜。裙带菜渍是我自小以来最爱的美食之一。

四人份

干裙带菜 5克
黄瓜 400克
盐 少许（腌黄瓜用）
盐 1/3茶匙
米醋 150毫升
砂糖 2汤匙
新鲜姜末 适量

1. 清洗干裙带菜，然后放入水中浸泡约10分钟，捞出后切成适合入口的片状待用。

2. 将黄瓜纵向切成两半，用勺子掏出籽、瓤，斜切成4—5毫米厚的薄片。

3. 把黄瓜片放入碗中，稍微撒点盐，静置5—10分钟后，挤出多余水分，盛放到另一个干净的碗里。

4. 将盐、醋和砂糖放入碗中搅拌均匀，浇淋在黄瓜片上，再加入裙带菜拌匀。上桌之前放入冰箱冷藏，注意不要在冰箱里搁置太长时间，否则黄瓜片和裙带菜会失去原有的色泽和口感。

5. 吃前盛放在小碟中，用少许姜末点缀。

芝麻豆腐泥芦笋沙拉

Asparagus Shiraae

　　日本产的芦笋比较粗，而国外卖的芦笋都是细细嫩嫩的。芝麻豆腐泥是一种百搭的食材，能和大部分的蔬菜调和在一起，变成豆腐泥沙拉。我喜欢根据不同的蔬菜调整芝麻酱和味噌的比例，以便调制出最和谐的味道；或者用熟透的牛油果做成顺滑的酱汁，也可以将牛油果切成小丁来增加沙拉的口感和味道。这道食谱，选用嫩芦笋来做是最好吃的。

❹人份

绢豆腐或软豆腐 300克
芦笋 200克
烤芝麻粒 4汤匙
砂糖 2汤匙
生抽 1茶匙
调和味噌 1/2茶匙
盐 适量

1. 豆腐沥干，并用数张厨房纸巾叠放包裹豆腐，以去除多余的水分，然后装盘，在豆腐表面压上重物（约30分钟），直至其重量缩减至约180克。

2. 去除芦笋根部较老的部分，再斜切成3段。

3. 锅内加水烧开，放一点盐，将芦笋段放入焯一两分钟，捞出沥干后，芦笋应该还保持着爽脆的口感。用冷水冲洗降温，然后沥干芦笋表面多余的水分。

4. 把豆腐放入碗中，加入烤芝麻粒、砂糖、生抽和味噌，搅拌均匀。

5. 将芦笋放入豆腐泥碗中与其他食材混合，可根据个人口味，再加点盐调味。

6. 装盘时可以用一个大碗盛放或分装到数个小碗中。

香辣茄子

Aubergine in Spicy Sauce

　　这是我最爱的三道菜之一，也备受家人喜爱。这道料理制作的重点在于，烹饪之前要将茄子放在水里浸泡5—10分钟。在日本，我们常常将蔬菜（例如茄子、牛蒡等）切好以后放在水里浸泡，这样做能去除蔬菜本身的苦涩味。

四人份

茄子 560克
酱油 90毫升
味淋 90毫升
砂糖 2½汤匙
米醋 60毫升
葵花籽油或植物油（用于油炸）
韭葱末或葱花 2—3汤匙
蒜泥 1茶匙
姜末 1茶匙
红辣椒 1—2只（去籽，切成细圈）
葱丝（用于装盘）

1. 茄子去蒂，用削皮器在外皮上刮出一些长条纹（此时的茄子看上去紫白相间），然后切成3厘米厚的圆片，再切成4小块。放入清水中浸泡5—10分钟后沥干，用厨房纸巾吸干表面水分。

2. 将酱油、味淋、砂糖和米醋均匀混在一起，待用。

3. 在锅中倒入足量的食用油，加热至中温（170—180℃）时，小心放入茄子油炸。

4. 茄子炸好以后（内瓤部分已软），从锅中捞出，沥干多余的油分，盛放到碗里。

5. 加入酱油、韭葱末、蒜泥、姜末和辣椒圈，搅拌均匀。

6. 静置一会儿，上桌前切点葱丝码在茄子上。

醋渍西红柿

Lightly Pickled Tomatoes

　　失败是成功之母，这道小菜就是最好的例证。朋友送了一堆新鲜的小西红柿给我，我用它们做了多道沙拉和番茄酱之后还剩一些，就决定做些醋渍西红柿。第一批做出来的效果不太好，不够入味，我就把西红柿的皮刺破以吸收更多的醋渍汁，结果出乎意料的好吃。掌握了这个小窍门后，我乐此不疲，而且继续发扬光大——把它们码放在冰块上就变成一道很不错的凉菜。

小西红柿 600克

醋渍汁：
米醋 300毫升
砂糖 50克
盐 1茶匙

1. 料理醋渍汁：将米醋、砂糖和盐放在碗里搅拌，直到砂糖和盐完全溶解。

2. 将西红柿去蒂，洗净擦干。

3. 用牙签在每个西红柿外皮上戳几个小孔。

4. 将西红柿倒入已消毒的玻璃罐中，然后加入醋渍汁，在冰箱里放置3—4天。

马铃薯泥佐日式蘑菇酱

Mashed Potato with a Japanese-style Mushroom Sauce

　　牛排佐马铃薯泥几乎人人都喜欢，尤其是我丈夫，所以我在家也常常做。为了稍作变化增添一些风味，我在传统酱料里加了点蘑菇，用来做马铃薯泥的浇汁。在我看来，日式传统酱汁能给这么一道经典的西方配菜锦上添花，不仅搭配和谐，而且还有推陈出新的感觉。

四人份

小褐蘑菇（口蘑）150克
金针菇 100克
青葱 30克
马铃薯 500克
鲜奶油 150毫升（40—48%乳脂含量）
盐 适量
出汁 400毫升（参见第4页）
生抽 30毫升
味淋 1汤匙
砂糖 1小撮
片栗粉和冷水 各1汤匙（混合调成芡汁）

1. 蘑菇去柄、切成4小块；金针菇去除根部，切成1厘米长的小段；青葱切成约1厘米长的葱花。

2. 马铃薯去皮，切成适合入口的块状，在水中浸泡几分钟以去除表面多余的淀粉，沥干后放入沸水锅中煮软，再次沥干。

3. 趁热将马铃薯捣成泥，为了口感更加顺滑，加入鲜奶油进行搅拌，再撒上适量盐调味。

4. 把出汁倒入平底锅中煮沸，加入生抽、味淋和砂糖。待砂糖完全溶解后，再放入蘑菇和金针菇，略微煮一下，当蘑菇开始变软时转小火，可根据个人口味再加点盐调味。

5. 倒入片栗粉芡汁，搅拌收汁，撒入葱花，将酱汁浇淋在马铃薯泥上即可。

日式鸡虾肉酱淋马铃薯

New Potatoes with Prawns and Chicken Japanese-style

在伦敦旅行时，我喜欢没事就去市场转转，看看各种各样的外国食材，当地马铃薯的品种多到让人惊讶。我尝试用不同的马铃薯做菜，略带甜味的鸡虾肉酱搭配马铃薯就很好吃，尤其是使用当季小马铃薯。鸡肉味与海鲜味混合在一起，能给味蕾带来惊喜。这款肉酱值得搭配马铃薯试试，配其他肉类食材的效果也不错。

🅸四人份

小马铃薯 1千克
出汁 200毫升（参见第4页）
老抽 1汤匙
生抽 1汤匙
清酒 1汤匙
砂糖 1汤匙
味淋 30毫升

鸡虾肉酱：
新鲜虾 200克（去壳）
香菇或小褐蘑菇 4朵
胡萝卜 40克（去皮）
鸡肉末 100克
出汁 400毫升（参见第4页）
老抽 1汤匙
生抽 30毫升
清酒 30毫升
味淋 30毫升
砂糖 3汤匙
盐 少许
片粟粉和冷水 各1汤匙（混合调成芡汁）

1. 马铃薯洗净，如果不是当季马铃薯，去皮后切成小块（大小类似当季新鲜小土豆）。在水中浸泡约2—3分钟，以除去多余的淀粉，然后沥干放入平底锅里。

2. 把平底锅加热，加入马铃薯，然后再加入出汁、老抽、生抽、清酒、砂糖和味淋，拌匀煮沸。用锡箔纸做一个简易盖子，放入锅内覆盖在马铃薯表面，然后转小火煨煮，直到酱汁被充分吸收后关火，先别掀盖子以保持热度。

3. 制作鸡虾肉酱：新鲜虾去肠线，剁成末。

4. 蘑菇去柄切丁，胡萝卜也切成小丁。

5. 将鸡肉末、蘑菇丁和胡萝卜丁放入大碗中搅拌均匀。

6. 把料理肉酱所需的出汁、老抽、生抽、清酒、味淋和砂糖放入小锅中煮沸，加入步骤5的混合物，一边添加一边搅拌。待酱汁再次沸腾后撇去表面浮沫，加入虾肉末，撒入适量盐调味。

7. 鸡肉和虾都很容易煮熟，注意不要煮过火。倒入片粟粉芡汁，同时搅动收汁。

8. 将之前煮好的马铃薯倒入一个深盘中，浇上鸡虾肉酱即可。

马铃薯佐甜酱油汁

Potatoes with a Sweet Soy Dressing

欧洲品种繁多的马铃薯给了我全新的做菜灵感。这道菜中既用了黄油也用了酱油，这两种看似不相关的材料却融合得恰到好处。另外，把马铃薯切成大块，风味更佳。

四人份

马铃薯 4个（中等大小，总重约600克）

酱油 1½—2汤匙

砂糖 2汤匙

淡盐黄油 1汤匙

1. 马铃薯去皮，每个切成4大块，然后在水中浸泡几分钟以去除表面的淀粉。放入大锅中煮熟，沥干待用。

2. 把酱油和砂糖放入平底锅里，开中火加热溶解。

3. 倒入煮熟的马铃薯，同酱汁搅拌均匀，转小火稍微煨煮一下让其更入味，其间轻轻翻转马铃薯以防烧煳。

4. 加入黄油，搅拌均匀即可装盘。

胡萝卜西芹渍

Lightly Pickled Julienne Carrots and Celery

　　我最喜欢的食材之一就是胡萝卜，尤其钟爱英国产的胡萝卜，清脆爽甜。下面这道小菜所用的醋渍汁没有国外所用的酸性那么强，味道也更清淡一些。腌渍好的胡萝卜当泡菜吃很美味，为了更好地享受胡萝卜爽脆的口感，可以沥干水分后拌上橄榄油和帕马森干酪碎做成沙拉，配巴玛火腿片或者煎八爪鱼，甚至生鱼片都很好吃。

四人份

胡萝卜 300克
西芹 200克
生姜 80克

醋渍汁：
味淋 200毫升
米醋 200毫升
砂糖 2—3汤匙
盐 2茶匙

1. 准备醋渍汁：将味淋倒入小锅内，煮沸后转小火再煮3分钟。关火，趁热加入米醋、砂糖和盐，搅拌溶解，静置冷却。

2. 胡萝卜、生姜去皮，西芹去筋，三者都切成约5厘米长的细丝。

3. 将切丝的胡萝卜、西芹和生姜放入一个玻璃罐中，倒入醋渍汁后密封，放入冰箱冷藏，可保存长达1周。

胡萝卜泥绿叶沙拉佐柠檬酱油汁

Crispy Salad with Grated Carrots and Ponzu Soy Dressing

我爱吃胡萝卜，还惊讶地发现外国的胡萝卜吃起来和日本产的口感上略有不同，似乎更硬一些，与其花大量的时间把它切成碎末，不如直接将它磨成泥加进沙拉里。

四人份

什锦沙拉叶 1包
胡萝卜 80克
柠檬酱油汁 45—60毫升
芝麻油 1汤匙

柠檬酱油汁：

味淋 100毫升
酱油 100毫升
柠檬汁 60毫升
干海带片 适量（5厘米宽，擦去表面盐晶）

1. 准备柠檬酱油汁：将味淋倒入一个小锅，煮沸后转小火，再煮2—3分钟直至酒精完全挥发。关火后往锅里加入酱油、柠檬汁和干海带片，搅拌均匀，静置冷却后放入冰箱。

2. 沙拉叶泡过冷水后沥干，上桌前冷藏在冰箱里以保持爽脆。

3. 胡萝卜去皮，磨成泥。

4. 准备上桌前，把柠檬酱油汁和芝麻油混合在一起做沙拉酱汁。

5. 将沙拉叶装盘，撒上胡萝卜泥，浇上酱汁即可食用。

辣味花椰菜渍

Hot Lightly Pickled Cauliflower

    很多年前我受邀去一位外国朋友家里做客，当时国外旅行的经验并不多，所以当主人把生的花椰菜端上桌时，我颇感意外——生的花椰菜佐酱汁就能当开胃小菜！现在我知道了这种吃法在国外挺常见。从那以后，我开始尝试用生的花椰菜做沙拉或别的料理。不过下面这道菜中用的花椰菜最好还是用热油炒一下，将它作为下酒的开胃小菜或是配咖喱吃都很不错。

花椰菜 500克
葵花籽油或植物油 45毫升
大蒜 15克（切成薄片）
红辣椒 2只（去籽剁碎）
鸡精 1汤匙
米醋 100毫升
酱油 1茶匙

1. 把花椰菜切成方便入口的小块。

2. 用炒锅加热油，下蒜片爆香，加入花椰菜和辣椒碎末，用大火快速翻炒。

3. 关火后放入米醋和鸡精，搅拌均匀，再调入适量酱油即可上桌。

日式卷心菜沙拉

Japanese Coleslaw Salad

　　这道菜与平日常见的蛋黄酱卷心菜沙拉不同，口味十分清淡纯粹，做起来也简单，真的很好吃。但要记得，芝麻粒一定要先烘烤。

四人份

卷心菜 300克
洋葱 50克（去皮）
葵花籽油或植物油 1茶匙
米醋 45—60毫升
砂糖 1—2茶匙
生抽 适量
盐和胡椒粉 适量
烤芝麻粒 4汤匙

1. 卷心菜和洋葱切成细丝后放入冷水中浸泡2—3分钟，捞出沥干盛放在一个容器里，放入冰箱冷藏约30分钟。这样会让卷心菜和洋葱吃起来口感更爽脆。

2. 准备上桌之前，从冰箱中取出卷心菜丝和洋葱丝，依次加入油、米醋、砂糖和生抽，快速搅拌均匀。

3. 调入适量盐和胡椒粉，再撒上烤芝麻粒即可。

韭葱炒香菇

Sautéed Leeks and Mushrooms

有一天我打开冰箱，发现只剩下韭葱和香菇了，而晚饭还差一道素菜，于是这道简便美味的新菜肴就诞生了。酱油和清酒增加了口感的层次，变得别有一番风味。如果家里没有韭葱，也可用青葱代替。

四人份
嫩韭葱或青葱 180克
香菇 130克
葵花籽油或植物油 45毫升
清酒 30毫升
酱油或姜蒜味调和酱油 30毫升
七味唐辛子或辣椒粉 适量

1. 把韭葱或青葱切成5—6厘米长的段，然后再切成丝。

2. 香菇去柄，斜切成2—3厘米长的片。

3. 在大锅中烧热油，将香菇片和韭葱丝倒入锅中翻炒。当韭葱开始变软时加入清酒混合，然后倒入酱油。

4. 将炒好的韭葱和香菇装盘，撒上七味唐辛子或辣椒粉即可。

炸什蔬佐蘸面汁

Mixed Vegetables in Mentsuyu Sauce

　　我总是想方设法变着花样儿做蔬菜，照着这个简单的菜谱就能把一大盘什锦蔬菜和美味的酱汁恰当地搭配，呈现餐桌。正如我在《序言》中所说，有许多酱汁都是百搭的，其中一种就是下面提到的蘸面汁。这道料理中的蔬菜要切得小块一些，这样卖相好也更方便入口。做好以后存放在冰箱里，可以放3—4天，冷食热食均可。你可以根据个人喜好随意搭配蔬菜，这是随着季节更替而变化的菜谱。

四至六人份

茄子 210克
南瓜 210克（去除瓜瓤、瓜籽）
防风草根 210克（去皮）
秋葵 10根
红柿椒 1只（约100克）
黄柿椒 1只（约100克）
葵花籽油或植物油（用于油炸）

蘸面汁：

出汁 400毫升（请参见第4页）
酱油 75毫升
味淋 30毫升
砂糖 1汤匙

1. 准备蘸面汁：把出汁、酱油、味淋和砂糖放入一个小锅里，大火煮沸，然后关火，冷却后倒入一个广口深碗中静置待用。

2. 茄子去蒂，纵向切成两半，每半边切成大小均匀的6块，放入清水中泡5分钟以消除涩味，然后沥干水分，用厨房纸巾拍干表面。

3. 将南瓜切成2—3厘米长的小块。

4. 将柿椒纵向切开，去除辣椒籽，再切成方便入口的块状。

5. 把防风草根切成2—3厘米长的小段。

6. 去除秋葵顶部。

7. 将所有切好的蔬菜放入锅中油炸，炸至七成熟时捞出，放在架子上控油或用厨房纸巾去除多余的油分，趁热倒入广口深碗中与蘸面汁充分搅拌均匀。

8. 趁热或待冷却后食用均可。

蔬菜沙拉配味噌汁

Vegetable Salad with a Miso Dressing

因为爱吃蔬菜，所以我一直摸索新的烹调方法。将蔬菜稍微过水汆烫一下，再淋上味噌汁就是一道美味的菜肴。这种方法任何蔬菜都适用，只需留意火候即可，别把菜烫过火候了，清脆中带点韧劲的口感是最好的。如果调出来的味噌汁略稠，可以加一些出汁稀释。

四人份

四季豆 100克
花椰菜 100克
西兰花 100克
七味唐辛子或辣椒粉 适量

味噌汁：

调和味噌 400克
清酒 100毫升
味淋 200毫升
砂糖 80—100克

1. 准备味噌汁：将所需材料倒入平底锅，开中火烧沸后转小火继续煮约20分钟，不时搅拌一下以免煳锅。从锅中盛出味噌汁装入容器内，放凉后置于冰箱，可冷藏2—3周。

2. 准备沙拉：清洗四季豆，每根斜切成3段；花椰菜和西兰花都切成小块。

3. 大锅里盛些清水煮沸，把西兰花、花椰菜和四季豆依次放入滚水中汆烫。千万别煮过火了，趁蔬菜尚有脆度时捞出，用冷水冲洗后沥干。

4. 轻轻擦去蔬菜表面多余的水分，放入碗中，浇上3汤匙的味噌汁，再撒上七味唐辛子即可。